馋是一枝花

优质吃货的修行札记

菜馍双全◎著

作家出版社

图书在版编目（CIP）数据

馋是一枝花：优质吃货的修行札记 / 菜馍双全 著. --北京 ：作家出版社，2017. 10

ISBN 978-7-5063-9674-5

Ⅰ. ①馋… Ⅱ. ①菜… Ⅲ. ①饮食-文化-中国 Ⅳ. ①I267

中国版本图书馆CIP数据核字（2017）第223159号

馋是一枝花——优质吃货的修行札记

作　　者： 菜馍双全
责任编辑： 向　尚
装帧设计： 颜有为
出版发行： 作家出版社
社　　址： 北京农展馆南里10号　　**邮　　编：** 100125
电话传真： 86-10-65930756（出版发行部）
86-10-65004079（总编室）
86-10-65015116（邮购部）
E-mail:zuojia@zuojia.net.cn
http://www.haozuojia.com（作家在线）
印　　刷： 中煤（北京）印务有限公司
成品尺寸： 142×210
字　　数： 211千
印　　张： 8.125
版　　次： 2017年10月第1版
印　　次： 2017年10月第1次印刷
ISBN 978-7-5063-9674-5
定　　价： 36.00元

在石榴花丛中
那里有光，有酒，有石榴花。
你不来的话，这一切都了无意义。
你来了的话，这一切也会变得了无意义。

——鲁米《在春天的时候，到果园去一游吧》

目 录

CONTENTS

辑二　美味在路上

辑三　101场饭局

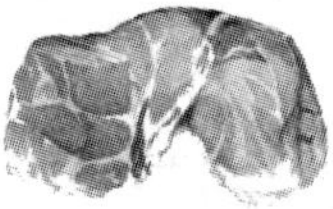

辑四　孤独美食家

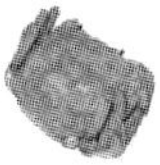

辑五　吃货的哲学

序言一

一个吃货和他的人生旅程

朱映晓

我和菜馍君“认识”了很多年，却并不“熟悉”——我断断续续地读他的文字，感受着他越来越开阔的思想和越来越洒脱的笔调，却不很清楚现实的世界里，他具体是如何生活着。大概知道他辗转过数个城市，更换过不同的工作单位，当然也应该有过比较丰富曲折的感情经历，却没有一个清晰的印象在指着他的人生轨迹——在读到这本书稿之前。但现在我大概是看出点线索来了。那就是：吃。

吃，是出发。打开这部书稿，第一章（故乡吃不尽）——扑面而来的，便是菜馍君对鲁西南的童年与故乡的回忆。野天野地里的各种偷吃：偷西瓜，偷水果，偷地瓜，偷南瓜，偷花生，偷毛豆，偷玉米。熊孩子们还想打猎，专找野兔和黄鼠狼。猎物肥，胆儿更肥，“专在小伙伴眼皮底下乱晃悠，一副‘来啊，打我啊’的欠揍模样”，根本不把他们放在眼里。在菜馍君写来，那举手可得的香椿、槐花、榆钱……这些现今人们都稀罕得不得了的“精品菜”固然是令人神往，然平常如豆腐、羊肉、茄子、萝卜、梨、杏、柿子、核桃、红枣……也是相当地有滋有味。更有那过年时蒸的“十几二十屉”的馒头，“四屉菜馍馍，三屉豆囤子，两屉花糕”——读来仿佛感觉到了那腾腾的蒸汽与麦香，那种丰足的喜悦（是的，童年时我们的精神是很容易知足的，许是因为那时代物质相对匮乏）。故乡的吃食是一个人一生都不会忘记的。更何况它们在迅速经历了工业化和城市化变迁之后，正渐远去甚至消失？

吃，是旅途。这部书稿的第二章（美味在路上）和第三章（101 场饭局）所展现的，有作者游走各处，尽尝美味的经历，更有呼朋唤友，推杯换盏，青春做伴的快意与豪情。作者与我们分享美食：西安、重庆、贵阳、成都、济南、厦门、广州、南京……的美食，尤其对现正混迹的北京的美食（无论是烤鸭、豆汁、卤煮火烧、爆肚等传统名吃，还是各国料理、小资小清新食饮），都有极为细致生动的描述；也分享着他的人生：正是从这些文字中我知道了他上大学的城市，他的涉世初练之地，知道他“换过的工作单位，有八九十来个”，知道他既曾“心血来潮，一个人跑到大西南，四处游荡”，亦曾组织过多达十几人的“饭友团”，行乐尽欢。是的，从中我看到了一段缤纷多彩、五味杂陈的青春人生——生命旅途中最重要的一部分。

吃，是品味。这部书稿的第四章（孤独美食家）和第五章（吃货的哲学），是“吃”之文化谈，也是“吃”的思想录。各种关于吃的人物、八卦（好听的说法是“掌故”），作者信手拈来，如数家珍，如鲁迅大先生和苏东坡的八卦，颇见“世事洞明皆学问，人情练达即文章”之境——显然这二位是作者偏爱的人物，“因为爱，所以八卦”，对此我是不能认同更多。

我喜欢这部书。而我最喜欢的部分，当然是第一章，童年与故乡的部分。我喜欢这样充满文学意境的描写——北方的河与少年，“小英雄雨来”似的，虽然我是个南方长大的人可还是觉得无比亲切：

> ……河水涨起来，河面异常开阔，那时候水清，清得几乎可以看到河底，水草在阳光的照射下异常碧绿清透，随着河水轻轻摇摆。
>
> 两岸的芦苇荡，绿油油地往上冒，直到没了人头，风一

吹，簌簌声没完没了，里面不时传来或尖厉或悠长的鸟鸣。

光屁股的小孩子，排着队挨个儿站在桥上往水里跳，一个个猛子扎下去，“扑通扑通”，跟下饺子似的，溅起一簇簇大水花，人却消失得无影无踪。直到几分钟后，才见从远处露出头，大口喘着粗气，有人手里还举着一条鱼。

一个人的人生是从吃开始的。正常情况下，他也将在吃过最后一餐之后离世。不管对饮食趣味深或浅、胃口大或小，每个人都不能摆脱他是吃货的身份。对吃的追求不息，则生命不止。正如一位朋友所说，“人都会回到想吃的地方”。愿每一个人都终能落脚于想吃的地方。愿这本书带给你会心的笑，和深深共鸣。

2017年6月10日　深圳

序言二

任性的“馋”意

流 马

我和菜馍兄都来自广义的鲁西南地区，提起家乡美食，会有许多共同的记忆，比如那些野菜，那些瓜果，但也会稍有区别。毕竟“十里不同乡，百里不同俗”，就算是一样食物，吃法和感受也会不同，更别说他所谈及的食物和做法，在我的故乡有的根本就没有。

就说这羊汤，鲁西南盛产小尾寒羊，肉质鲜美，是非常好的美食，但在我的家乡，只见人们放羊养羊，却并没有见人吃羊。在我们当地，羊只是一种经济性养殖动物，主要用来卖钱的，似乎并没有吃羊肉的传统，就算县城里的穆斯林同胞，亦不以羊汤为美，羊肉在他们手里，自有更好的做法。我是后来到了省城读书，才有机会一尝羊汤的鲜好。

但这种回忆上的分歧并不能伤害彼此的记忆，反而更加激活沉睡在舌尖上的味蕾，想起更多我们以为已经忘记的关于故乡的种种细节。

味觉的记忆最持久，也最入心。菜馍兄把对美食的领受，当成人生的成长和修行，从故乡到异乡，从乡村到城市，从年少到年壮，寓感悟于人生，别有一番新意，也别有一番滋味。我同意食物是乡愁的载体，也同意美食是旅行的重要目的之一。去一个地方，而不吃当地食物，就不会与那个地方产生真正的连接，这不仅仅是味觉的连接，更是情感上的沟通。如果你对一个地方的美食赞不绝口，就会对那个地方备加钟爱，如果你吃不惯一个地方的食物，那自然也就不会喜欢那里。旅行最大的不幸是没有找到对胃口的食物，而反过来则是最大的幸运，即便是一个再普通不过的地方，哪怕中途休憩的无名驿站，一碗阳春面或许都会在你的舌尖上留下无法泯灭的记忆。

菜馍同学比我早来北京多年，还在博客时代，就经常看他写北京各种吃食，心想等我到北京，一定要让他带我挨个儿吃个遍才够朋友。然事实并非如此，单就他屡屡向我提及的地道单县羊汤，一次都没有成行过，到写这篇文章为止，那仍旧只是一个传说。

不过这也不能全怪菜馍。相比起他对美食的狂热追求，为一碗地道羊汤不惜穿越一座城市，为一桌好菜可以订上飞机票说走就走，我可能对吃就太没有执念了，否则就算菜馍不带我去，我自己也一定可以按图索骥摸得到门面。

古人说食色性也，爱好美食和爱好美色一样是人类的天性，实际上人和人又有万般不同，这里面不仅有“爱”的对象的不同，“爱”的程度的深浅，甚至有“有感”与“无感”的区分。撇开“食色”二字不谈，不论什么爱好、什么兴趣，最怕“任性”二字，而我是独缺的，这也是我羡慕甚至嫉妒菜馍同学的地方。

人生最怕无味，无味则寡欢，如果穷其一生没有找到自己足以“任性”的东西，那就太悲哀了。所以我说《馋是一枝花》，这书的标题大有禅意。“馋”就是冲动，就是饥渴，就是“我太想干这件事儿了，谁也不能阻止我”的任性。人生有了足够的“馋”劲儿，才可能活得够好，够妙，够“解馋”，才过瘾，才不枉此生。

2017年7月12日　北京

辑一　故乡吃不尽

那时候河里还有清澈的水以及活蹦乱跳的鱼，我们经常溜进人家的瓜地，爬上人家的果树，寻摸各种美味，所有的食物都甘之若饴。

人们很少使用农药，我的记忆因而全是有机的。

童年的诸种食物，一直诱引我们回忆过往，那些回不来的欢愉和时光，弥足珍贵，不可缺失，我要在它快被忘记之前记录下来，给自己和故乡一个交代。

偷 吃

农村娃儿幸福多，偷吃即是其中之一。

偷什么？有什么偷什么。

偷吃分季节，春天冬天最无趣，地里没瓜，树上没果，一帮小伙伴儿只好牵几条狗，拿几杆“猎枪”，四处寻找野兔和黄鼠狼。鲁西南是一望无际的大平原，人口稠密，猎物稀少，唯野兔和黄鼠狼凭借强大的生育力而绵绵不绝。

打猎最好玩的，不在于打到什么猎物，而是和它们斗智斗勇的过程。

想想颇有点不可思议，那时候猎物胆儿真是肥，专在小伙伴眼皮底下乱晃悠，一副“来啊，打我啊”的欠揍模样。

莫非欺负兄弟年纪小？

夏天来了，绝对欢乐季。村西有河，有芦苇荡，可以去游泳抓鱼捉迷藏，不喜欢下水的，就跑到树林里撒欢儿。最惬意的，莫过于偷吃到许多东西。

在学校，老师教育我们，向雷锋叔叔学习，偷东西是坏人。美味当前，这教训常失效。一群懵懂的小孩，道德感还没那么强烈。

偷瓜最多，西瓜第一。

80 年代，鲁西南农村的地里，种了许多瓜，品种多到数不清，许多都叫不出名字，但每种都会做尝试，不吃个遍决不罢休。尚记得最爱的是一种叫“九道银”的甜瓜，瓜身上有九条白道，从蒂到根，把瓜分成均匀的九部分。

那时的西瓜也真是好。全都自然熟，有一种笨西瓜，生长周期高达四十余天，最小都要长到十几斤，小孩子抱不动，便放在地上滚，滚至安全处，几个人合抱着，找个小树林分而食之。熟透的西瓜，拿巴掌用力一拍，“啪”一下就裂开了，流出鲜红的汁水，捧起来就吃，太甜，甜到嘴巴和手都发黏。

想吃冰镇西瓜，就要费点功夫。邓云乡先生在《云乡话食》里说，旧时北京用辘轳现绞冰凉的井水浸瓜吃，“吃起来真是嚼冰咀雪，满口既凉又甜”。家乡虽无辘轳，但亦能体会到老先生所讲的那种惬意。村里有水井，偷了瓜，汲一桶井水，把瓜放桶里，等凉透了与小伙伴们分食，清清爽爽冰冰凉凉那叫一个棒！后来，水井废弃，开始使用人力压水井，那水也凉，依旧可以冰西瓜。现在都是自来水，水温不够低，冰不出那个好吃的程度。

井水是最好的天然冰箱。

每每回忆童年，我都觉得又甜又沙，大概是西瓜偷多了吧。

一般的小块瓜地，都是农民自种自吃，那种一大片一大片漫无边际的，则属于种瓜的专业户。在地头上，主人盖个瓜棚，快成熟时全天守望，就是为防偷。

小伙伴淘气，偏想要偷这种瓜地，有人看护才够刺激。想想看，在看瓜人严密的看护下，我等还可以成功偷出，世界上还有什么事比这更有成就感？

偷西瓜是技术活，更是体力活，后来想，哪里是偷瓜，纯粹是找刺激。

三四个孩子，选一个月黑风高夜，弓着腰，佝着背，慢步轻挪，蹑手蹑脚，生怕有个风吹草动，惊动瓜田主人。摸到个大的，就轻轻敲一下，声音是“砰砰”的，熟了；“当当”的，还生。挑到熟的，直接摘下，小心翼翼地推着瓜滚动前行，滚到地边的沟里，出了主人视线，偷瓜行动便大功告成。

早在偷瓜之前，小伙伴们已有周密筹划，并达成一致意见：如被瓜主发现，撒丫子狂奔是最佳选择，且几人绝不能往同一个方向跑，如此这般最多只能抓到一个。同时，又另设一道江湖规矩：被抓后，无论如何决不能供出同伙，谁供出别人谁就是叛徒，以后大家都不跟他玩儿。

以淘气包们的机警和灵敏，并没那么容易被抓，由此便常生自虐心："怎么就抓不住我呢？抓住我到底会怎样呢？"

常在江湖漂，哪能不挨刀。

不多久，就有个小伙伴被抓，这兄弟宁死不屈，摆出一副"打死我也不说"的革命战士架势，像英勇的刘胡兰一般守住了秘密，任凭瓜主威逼利诱。人家告到学校，校长重新提审，哪想小伙伴坚决不当叛徒，找来家长竟也无济于事。

事后，我们齐声夸他："你娃儿就是刘胡兰，她死时十五岁了都，你现在只有十岁嘛！"

偷瓜只是"偷吃"中的一项，偷果子也让人兴奋。村里的果树，都在各家的园子里，供自个儿吃，或是送邻里亲朋，不卖。其实是没人买：家家都有果树，卖给谁？

偷的果子，或梨，或杏，或桃，或李，成熟季总是漫长，小伙伴可没有耐心等待，果子还未变色，味道还未变甜，就开始偷，不偷就觉得手欠。

偷果子比偷瓜容易，大多数人没把果子当好东西，并不看管，趁着没人，可以随时下手。

还是晚上最好，小朋友们谋划停当，便背个小书包，溜到果树下面，像猴子一般迅疾地爬上去，左右开弓，一通乱摘，等小书包鼓胀起来，赶紧兴奋地逃走。

村里的杏树最多，我们的目标也以杏为主，熟透的杏儿吃起来香甜醇美，不熟的则满口生酸。把熟透的吃光，不熟的青杏也不丢，而是找个角落存放起来，过上三五天自行变色，成熟，只是味道和刚摘下来的熟杏相去甚远。更小的青杏丢进咸菜缸里，不长时间，就成了酸脆可口的腌菜。

村里的许多果树都有数十年的岁数，枝繁叶茂，有些树枝长得特别，绞在一起，生生搭出一片平地儿来，我们躺在那片平地儿上，边耍，边吃，边聊，偶尔还睡个午觉，清风透过树枝吹进来，甚是舒适，端的夏日清凉好去处。

到秋天，庄稼开始成熟，又可以偷地瓜，偷南瓜，偷花生，偷毛豆，偷玉米。

寻个偏僻的地儿，找几块砖头，搭个简陋灶台，支一口黑铁锅，添上水，将偷来的食物一股脑儿全放进锅里，捡些干树枝煮将起来。小伙伴们一边看着熊熊火焰燃烧，一边闻着食物的香气流着口水，煮好，有人急不可待地将手伸进锅里去拿，太热，被烫得吱吱哇哇乱叫。

小伙伴们淘归淘、偷归偷，却也讲原则，不会专偷某家，这儿弄点，那儿弄点，没人看出来自家丢了东西。另外，那时民风比现在淳朴太多，丢点东西也没有人太在意。

现今的村子里，果树已全被砍掉，野兔和黄鼠狼也不见影踪，甚至村西的河里，再也没有清澈的河水、光着屁股的孩子和成群结队的鱼了。

小时候，一直期盼着快快长大；长大了，却总是偷偷地怀念过往。

小时候，物质那么贫乏，但吃过的每一种东西都鲜美可口记忆犹新；长大了，吃遍天南海北万千美食，却总是记不起它们的模样，它们的滋味。

——那些偷吃的时光，那般“又甜又沙”的童年，我确信，再也找不回来了。

扫描二维码，可收听本文

吃你豆腐

小学四年级时，同桌王晓波家做豆腐，我等好友跟着沾了光！

每天放学后，小伙伴成群结队到他家喝豆浆，每人一碗。手捧热气腾腾的豆浆，香气夹带着好闻的豆腥味儿，扑鼻而来，喝一口，温暖传递全身。这碗豆浆在乡村少年的心中，真是美好无敌。

那年月，村里还可以经常看到卖豆腐的人，蹬着三轮车，一边慢悠悠地骑，一边大声吆喝："卖豆腐哩……好豆腐，又白又好吃……"那吆喝拉着长音儿，洪亮悠长。"又白又好吃"并不是夸张，那时候的豆腐真叫棒，全是豆腐坊手工自磨，原料是饱满的鲁西南黄豆，水则来自于大眼井，磨出的豆腐弹性足，用手指轻触，颤巍巍地晃，不用凑近，就闻见那股鲜美的豆腥和微苦的味儿。

家乡豆腐分两种：一种叫大豆腐，水分高，按块售卖；另一种叫千豆腐，层层叠着，又干又筋道，价格也贵。豆腐可以用钱买，也可以用黄豆换，家家都种黄豆，没钱亦可以照吃不误。想想，敢情那就是"自给自足的小农经济"。

如今每年回乡，还是要吃豆腐——某种程度上，故乡对我而言，就是那一块新鲜出炉的豆腐和那一碗热气腾腾的豆浆。只不过，现今的豆腐已没有先前的味道，机器做的豆腐淡而寡，没有豆腥味，也缺了那微微的苦。

吃豆腐越多，对豆腐感情越深。来北京后，吃豆腐的热情进一步加深。吃多了人家，总觉得心有歉疚，过意不去，这辈子，我最对不起的应该是豆腐。

前几年，广安门内大街开了家“一品豆腐”，特意约老李和老迟品尝。看菜单，乐了：一水的豆腐菜，不用说家常的小葱拌豆腐、麻婆豆腐、脆皮豆腐、红烧豆腐，更有各种与豆腐有关的汤，想找个不含豆腐的，真没有，不枉叫“一品豆腐”。

三个人，四菜一汤，热菜凉菜皆有，味道和风格俱佳，再来瓶红星二锅头，吃豆腐喝小酒，指点江山，纵论时事，端的是快意人生。

这家店让我过足豆腐瘾，隔三岔五就去吃。后来离开南城，听旧同事说“一品豆腐”关张了，我心立时怅怅：“这么好吃的豆腐，怎么说关就关了呢，以后叫洒家哪里食？”

便去翻旅游书，说延庆有豆腐宴，遂转告老李，这平生只信奉“大口吃肉大碗喝酒”的东北汉子居然兴致十足，跃跃欲试。

我俩挑个响晴天，专门跑了趟延庆永宁古城。脚一踏上古城的街道，便有恍如穿越之感，时间仿若停滞：人们慢悠悠地在街上散步，行走，骑车，眉头舒展，面上含笑。古城有点破，有点旧，却干净，游人无多，饭馆子倒不少，家家门上都贴着手写的“豆腐宴”。

选了家客多的餐馆进去，点几道菜，全与豆腐相关，待动起筷，才发现延庆豆腐的不同寻常之处：做法异常粗犷，形式相当随意，味道却是鲜美至极。豆腐块大，绵软中却有弹性，有嚼头，有大铁锅的味道，当是用农家大灶烧制。

慢慢吃，慢慢饮，慢慢说，尽情享受都市里少有的清闲，一顿饭吃到日头偏西。再回望桌上，已无半块豆腐的踪迹。

印象最深的豆腐，却是在南京吃的。青岛路上有家小馆，叫“人全到”，小门小脸儿，仅七八张桌，菜品排行榜第一名是“鲇鱼豆腐锅”，每天限量供应三十份，去晚了肯定吃不到。便和朋友早早出发，先占位子，紧赶着点菜，服务员说你们幸运，最后一锅，心下直叫好险。

鲇鱼豆腐锅上桌，一股香气循着鼻子直扑过来，肚子里的馋虫争先恐后往外爬。迫不及待，低头猛吃。啧啧！又咸又鲜，咸得恰到好处，鲜得有点过头，那鱼肉细腻绵软，豆腐则于绵软中带着一股Q劲儿，鲇鱼和豆腐两种食材完美融合，味道浸入了对方，吃哪个都觉得好。

恍惚之间，竟然不知刚刚下嘴的，是一块鱼味的豆腐，还是块豆腐味的鱼。

切勿以为这道菜鲇鱼才是绝对主角，其实豆腐亦居功至伟，和鲇鱼地位同等重要，只有鲇鱼，缺了豆腐，此菜必非佳品。

好吃的豆腐菜甚多，做法五花八门，最体现刀功和手法的，非淮扬名菜“文思（丝）豆腐”莫属：那么软嫩的豆腐，要切成线一般的细丝，且粗细均匀，不断不黏，非一般水平的厨师所能把握。将豆腐丝和冬笋丝、鸡肉丝、火腿丝、香菇丝、生菜丝一起烧制，便成此菜，其口感要鲜嫩、入口即化，因而对火候要求相当严格。

古往今来，爱吃豆腐的人多了去，但最爱豆腐的人，我以为是瞿秋白，他在绝笔《多余的话》里说：中国的豆腐也是很好吃的东西，世界第一。永别了！

想想看，有几人在遗书里还会惦记着豆腐？

树上有菜

科技进步的坏处之一是，让蔬菜再无季节概念，颠倒了自然规律。不信到大街上拉个“90后”问一问，春季和秋季分别有哪些时令菜，怕说不出几个来。

近几年，中医大热，人民群众注重养生，纷纷要吃时令菜，打倒反季节蔬菜。这当然是正确做法，即便不考虑养生，仅从口味上讲，也只有时令菜方可得蔬菜之最本真面目，获得了自然养分，汲取了日月精华。所谓“时令”，就是恰到好处，早了，不对；晚了，也不对，不早不晚吃上了，最对胃口，也最健康。

这里要说的不容易吃到的时令菜——无一例外地长在树上，非人工培养，是菜而又不是菜。

一是香椿芽。

天一变暖，树叶长得快，所以得盯紧了香椿树。从露头到长成，不过几天时间。一有些许嫩芽，就要去采摘，稍不留神，梗儿发硬，叶子长大，便味道尽失。按鲁西南风俗，晚饭以吃面条为主，面条刚下锅时，老妈便嘱咐儿子：“到树上抓一把香椿！”

小孩个个会爬树，三下五下，攀爬到高处，专挑最嫩的来采。现在找不到那么粗那么高的香椿树了。

香椿芽洗一下，切得碎碎的，拌了葱花油盐，倒进锅里搅拌，便成好一锅香喷喷的好面条。

香椿最佳的吃法是生吃，唯有如此，才可以将其天然香味发挥到淋漓尽致。

和鸡蛋一起炒，虽然还是香，但清新之气全无。曾经在饭店和农家乐里吃过几次“香椿炒鸡蛋”，总不如意，不是责怪师傅厨艺，实在是吃错了方法。

香椿之经典菜品，我首推“香椿拌豆腐”，香气绵绵不绝的椿芽，与柔软滑嫩的小豆腐，属天生绝配，最佳伴侣。将香椿芽切成细丝，拌进豆腐里，再放点香油提味，胃口定会大开。

现在市场上出售的香椿，多系人工培育，颜色和模样儿，看起来跟小时吃的差不多，口感却相差甚巨。所以，要吃上等香椿，还是要到乡下的树上摘。在大城市里没有机会，只好待每年春季回乡时对着香椿树上下其手，大过吃香椿的瘾。

二是榆钱儿。

榆钱儿一长出来，立马成为村里小伙伴的至爱，孩子们没事儿就四处找榆树，撸榆钱儿吃。缺菜少粮的年代里，榆钱儿还可以充当救命的角色，这东西产量大，一棵树够吃好多顿，听老人讲，在旧时农村，榆钱儿帮助过很多处于饥饿难关的穷苦人家。

榆钱儿稠密茂盛，一嘟噜一串串，小孩子站树下，拽住树枝，随手一撸一大把，直接塞嘴里，嚼得起劲儿。说实话，依我个人经验，总觉得榆钱儿拿来生吃味道实在是一般般，刘绍棠先生《榆钱饭》里写“榆钱儿生吃很甜，越嚼越香”，这是典型的文学上的夸张。

榆钱儿最流行的吃法是榆钱儿饭，将采来的榆钱儿洗净，和了面粉，用双手细细拌匀，上笼屉蒸，再将蒸熟的榆钱儿饭盛入大盆里，放放热气，拌上调好的酱汁，浇上香油，味道绝美。

家里每次都会蒸一大锅，想吃多少尽管盛来，常常把肚子撑到又圆又鼓。

榆钱儿还可以做成窝窝头，又或者煮粥，但味道一定比较普通，否则我不至于没印象。

三是槐花。

槐花一开，漫天雪白，整个树林里全是浓郁的槐花香，香中又夹着甜，甜到叫人发腻，但蜜蜂喜欢。树林子深处，总有些采蜜的外地人，在槐花深处指挥着蜜蜂们酿蜜，“嗡嗡嗡”的声音常让小伙伴们心烦意乱。

槐花可生吃，口感较榆钱儿好，味道甜，糖尿病人要忌口。

最佳做法，也是蒸，做法与榆钱儿饭相同，拌上自制浇头，鲜美可口到叫人把持不住。我记得家乡人民也常用槐花做汤，它本身的甜可以提味儿。如果想搞搞创新，这里有几个思路：一是将槐花做成馅，做包子做饺子，素的肉的俱佳；和面粉、鸡蛋一起搅成面糊，摊饼子，香美软糯；和茯苓、金银花放一起煮，做成祛湿热的凉茶，可除心火。

身在城市的人们不易吃到这些树上的菜，不过，别忘了咱有万能的某宝呀。赫然在朋友圈发现，真有人就从上面订购到了榆钱儿和槐花呢。

谁的童年不“有机”？

入夏时，我在“豆瓣阅读”发表了一组短文章，取名“偷吃”，写的是儿时趣事。序言里，我把自己弄得很惆怅：“那时候河里还有清澈的水，以及活蹦乱跳的鱼，我们经常溜进人家的瓜地，爬上人家的果树，寻摸各种美味，所有的食物都甘之若饴，人们很少使用农药，我的记忆因而全是有机的。”

有机的——这不是胡说。

村西的河叫箕山河。待入夏，河水涨起来，河面异常开阔，那时候水清，清得几乎可以看到河底，水草在阳光的照射下异常碧绿清透，随着河水轻轻摇摆。

两岸的芦苇荡，绿油油地往上冒，直到没了人头，风一吹，簌簌声没完没了，里面不时传来或尖厉或悠长的鸟鸣。有种叫不上名字的鸟儿，飞速极快，一个俯冲扎到芦苇里就再也看不见影踪。

光屁股的小孩子，排着队站在桥上挨个儿往水里跳，一个个猛子扎下去，“扑通扑通”，跟下饺子似的，溅起一簇簇大水花，人却消失得无影无踪。直到几分钟后，才见从远处露出头，大口喘着粗气，有人手里还举着一条鱼。那鱼来回挣扎，终于折腾累，见没有逃脱的可能，只得乖乖就范，到岸上，顺手把它丢进备好的水桶里。

小孩子跟水最有缘分，一玩就是老半天。等彻底玩累玩饿，才依依不舍上岸，那些抓到的鱼儿，就成了我们口中的美味。

通常的做法是烤。大家分头捡些干树枝，点火，用报纸将鱼层层包起来，弄湿，丢进火里，过一刻钟，便闻到烤鱼的香气，大家一起分而食之。哪个逮的鱼多，就拥有向众人分鱼的权力。获得分鱼权的小伙伴，满脸骄傲没话说，跟部落酋长一般神气。

烤不完的鱼，大伙儿分了，回家交给大人，做鱼汤喝。

河里的鱼，品类繁多，草鱼、花鱼、鲢鱼、青鱼，等等，有大有小，小的拃把长，大的足足有十几二十斤。小孩子面对大鱼时，基本不敢靠近，只能躲着游。但凡有些胆儿肥的，想要抓条大鱼，要么被鱼咬一下，要么一尾巴甩身上，被甩的地方瞬间红成一片，生疼生疼。

有一种被家乡人称为“硌轧”的鱼儿，万万不能靠近，它身上有尖尖的刺，分分钟扎得你鲜血淋漓，惨不忍睹，每个夏天都有小伙伴被扎，我们对这硌轧恨之入骨，偶尔抓住便要狠狠虐它。

某次和几个小伙伴在水里扑腾，突然见条大鱼，足足半米多长，左冲右突，凶猛异常，吓得我们赶紧上岸，生怕被它拖走吃掉。

河里有太多好东西，最常见的是河蚌，它们藏在水底污泥里。抓河蚌最容易，先用脚踩准它的位置，然后沉水，两只手抓住它，用力一抠，就出来了。刚抓的河蚌，紧闭双壳，有装死的意思，偏偏有残忍的小朋友，拿树枝硬插进它壳里，掰开，扔在河边。经太阳一晒，又腥又臭。

事实上，河蚌肉质肥美，营养丰富，苦在不好处理，它腥味重，方法不当会叫人大倒胃口。所以，小朋友抓河蚌，大多只为要它的壳玩。

对小朋友来说，有水处皆为好玩之地，不只是河，还有小溪、水渠等。有次和父母走亲戚，回家途中遇见路边小溪，闹着要洗把脸凉快会儿，到溪边一看，才惊呆，那清亮的溪水中竟有好多田螺，随便抓了一袋子回家，用清水洗净，直接上锅用白水煮，不加任何佐料，尝一下，Q劲十足，肉质清香，还有浅淡的甜。

童年生活的美好所在是，不用去集市，也不用自己养殖，直接去向河里抓，跟自然索取，一样可以吃到美味。童年解馋，几乎全靠自己。

有时总怀疑，我是否过度美化了童年，真的有那么幸福吗？真的有那么快乐吗？真的有那么开心吗？

沉思之后，只好说，真的。

读初中后，箕山河一天天变脏，县城化工厂的污水，令鱼虾再无回归可能。童年的美味，就这样说了再见。

想想，现在村里的娃儿也真可怜，没在河里游过泳，没下水里逮过鱼……没有那些本应该属于童年的生活乐趣。

他们算什么农村娃。

喝了这碗羊汤，世界与我又何干

张爱玲有三恨，一恨鲥鱼多刺，二恨海棠无香，三恨《红楼梦》未完。在下亦有三恨，书读得薄，路走得短，思乡时没有羊汤喝。

每隔半年，我都会完成一次大穿越：坐上特1路公交车，从紧邻东四环的大望路，直奔西四环边上的靛厂新村，全程20公里，需时55分钟，不为别的，只为喝到一碗家乡味的羊汤。

人一坐上特1，就变得异常兴奋，脑海中常常浮现出那一碗热腾腾的羊汤，口水不自觉地涌出来，在嘴巴里来回打转。

喝8块的羊汤，要坐公交车，这是我固守的一种理论，也算是一种小小的仪式感。朝圣的时候，内心是庄重的；旅行的时候，心情是放松的；去喝羊汤的时候，坐在公交车里最能体验那种期待的快感。

最喜欢和老乡一起去，七八个人不嫌多，两三个人不觉少，喝羊汤，啃烧饼，说鲁西南方言，扯扯菏泽的一二三，聊聊山东的四五六，在共同的语言氛围里，最容易找回消失已久的欢乐，找回未离开家乡前那些关于美味的记忆。在一碗羊汤氤氲出来的热气里，成功地安置了原本无处安放的乡愁。

某年夏天，有友自南方来，特别拉他坐了拥挤的公交，经历了异常的大塞车，又走了段长长的路，满身大汗，坐到店里，在众多光膀子的山东汉子高谈阔论的声音中间，一口气喝了两碗羊汤吃掉三个烧饼，朋友的眼神一下子亮堂起来，咂摸咂摸嘴，心满意足地抚着隆起的肚皮，连连点头：“这顿饭解了我多年的乡愁。”

后来羊汤涨到15，价格仍然可以欣欣然接受。要知道，店家用的羊肉，以及煮汤的水，都来自家乡，极尽讲究之能事。如果去后海附近的齐鲁饭店喝这碗汤，至少要30块，且是小碗，不给添汤。羊汤是大众美食，30块不符合我对它的定义，更何况靛厂新村这家无限制添汤，想喝多少随时加，山东汉子喝它两三碗都属正常。

鲁西南的羊汤，使用的羊是三岁的青山羊，尤以黄河故道和大沙河两岸的羊最佳，想来是水草丰美之地，适宜青山羊生长，地势开阔，心情便愉悦，草青水甜，吃得便幸福，羊肉才能形成最佳质感，这跟听音乐的牛是一个道理。

用大锅先烧一锅水，然后放50斤羊骨架，再放鲜羊肉和羊杂，然后用大火烧开，用竹编勺撇去血沫，再加冷水10斤，开锅后再用3斤羊油覆盖在羊肉上面，而后将白芷、桂皮、草果、良姜、陈皮、杏仁等作料下锅，再熬制40—60分钟。其实，又不局限于这个时间，真正的好汤，是熬得愈久愈佳，熬到味道浓香，熬到汤色白亮——必须是乳白色，汤有微微的黏稠感。

尚记得小时候，很多人群聚集之地，如城镇集市上，交通要道口，皆有露天的羊汤出售，支起的一口大锅里，羊汤总在热烈地翻滚，汤中是羊骨架和大块的羊肉。那锅羊汤，自早上便开始煮，一直煮到中午，正是好喝时候。汤色乳白得像上佳的奶酪，“咕嘟咕嘟”地冒着热气，小孩子看到就会馋到流口水，拼着小命哭闹着要停下来喝碗汤。来往路过的行人，只需往小板凳上一坐，招呼一声：“老板，一碗汤仨烧饼。”羊汤和烧饼是标配，前者鲜美，后者香甜，一口汤一口饼，边吃边喝，端的是极致享受。

吃饱喝足，继续赶路。那一碗羊汤三个烧饼，简直像拥有无限魔力的能量棒，不但提神解乏祛疲克劳，也能令心情大变样，让你拥有继续和世界对接的力量。

无论盛夏，或者严冬，鲁西南人民都执着地爱着这食物。夏天喝出一身汗，冬天喝得暖洋洋。

喝鲁西南羊汤有讲究。我个人理解，所有的佐料，仅需加盐而已。喝原味的汤，方能体验羊汤本味，凡需加一堆佐料的，只能证明汤本身不够鲜美。

嗜辣者，可以往汤里放辣油——羊油经加热之后，与辣椒调配而成，辣油放羊汤里一搅，汤里立刻泛起密集的红亮油星，辣飕飕的，喝一口，绝了！

想要加些香菜或胡椒粉，也未尝不可，但佐料的味道太重，会压掉羊汤的美味。

还有，山羊的肉质是绵羊无论如何赶不上的。

后来，靛厂新村的这店搬了家，由路边平房改成高大上的餐馆了。看来，老板是挣了不少钱。新地址是丰台区望园路29号，店名就叫“山东单县风味羊肉汤馆”，找起来有点难度。

尽管新地儿偏僻，交通不便，我仍然不畏辛苦，还是常常约了小伙伴前来喝汤。每每喝到大汗淋漓，喝到岁月静好，喝到心满意足，喝到尽是喜悦。

喝过内蒙古羊汤、山西羊汤、河北羊汤、四川简阳羊汤之后，我确认，家乡的羊汤堪称一绝——就这乳白汤色，是许多羊汤跨不过去的一道坎。

专心喝这碗汤时，常常忘了一切，世上小忧愁，人生小烦恼，统统去见鬼好了，有这碗美味羊汤，世界与我又何干？

那一碗羊汤三个烧饼，简直像拥有无限魔力的能量棒，不但提神解乏祛疲克劳，也能令心情大变样，让你拥有继续和世界对接的力量。

专心喝这碗汤时，常常忘了一切，世上小忧愁，人生小烦恼，统统去见鬼好了，有这碗美味羊汤，世界与我又何干？

独家食谱之西瓜酱

主料：黄豆2000g、大西瓜两个

辅料：盐2000g、花椒、八角、面粉适量

1. 黄豆浸泡水中，发大后放锅中煮熟，捞出，拌上面粉。

2. 放在一较大的平面上摊匀（也可以摊在铺上报纸和白纸的桌上），令其自然发霉，大约一个星期，发霉的豆子会结成块状。

3. 发霉后在太阳下晒干，不可有湿气，将霉块用手掰开，直到每颗豆都是散的。

4. 两个大西瓜去皮，最好保留一点皮内的青肉，籽可以保留，也可去除。

5. 将西瓜切成小块。

6. 预备一容器，最好是缸（或其他可密闭的容器），放入霉豆、八角、花椒、瓜块、盐，用双手搅拌，直到均匀为止。

7. 放入缸中密封，放在太阳下晒，进行发酵，大约需要45天，西瓜酱制作完成。

8. 生酱最好是炒熟或蒸熟吃，吃前加几滴香油和碎香葱，绝赞。

有鱼万事足

鲁迅先生说，“旧历的年底毕竟最像年底”，他老人家的着眼点大概是“热闹”二字：年关将至，人们忙着赶集市、办年货、置新衣，小孩儿迫不及待地放烟花和爆竹，噼里啪啦，人潮鼎沸，那热闹劲儿，不只是鲁迅眼里的“最像”，更是小孩子眼中的盛景。

人生经历的三十多个春节，数在农村时最有趣。只可惜，现如今村子早已面目皆非，春节也变得寡淡无味，那些童年的春节，成了我无解的“乡愁”，一切都只能依赖做梦和怀旧解决。

一入腊月，小伙伴们便开始企盼春节的来临。哪料岁月大摇大摆，一刻也不肯加速，任我等苦苦期待，它仍然不肯做半点让步，心下便愈加期待。那种相思劲儿，犹如热恋当中却分居两地的情侣。

热闹而外，当然还期盼大鱼大肉哇。

家乡鲁西南地处内陆，肉食纵然丰盈，鱼却是稀缺年货，所以对它们的热情便更高些，小孩子对吃鱼的期盼，跟等着偷腥的猫儿是一样一样的。

村西的河里倒是有鱼，却无奈冰冻三尺，无食鱼机会。不过，也偏有胆儿肥又眼馋的半大孩子，跑到冰面上一阵斧砍铲凿，生生弄出一个窟窿，或者用叉子猛叉，又或者用网兜儿兜，费尽力气也只能逮几条拃把长的小鱼，大鱼狡猾，都不知道躲哪儿去猫冬了。

逮鱼这种炫技的活儿我等小孩是插不上手的，只能跟在半大孩子屁股后头打下手。哪天收获多了些，亦有机会分到两条，喜滋滋地拿回家。鱼太小不适合红烧也不适合清蒸，老妈就拿张报纸，弄湿了，将鱼儿包起来，扔到锅底下仍在燃着的灰烬里，十来分钟后取出，只见纸已烧煳，鱼皮焦黄，香气却已扑鼻而来，三下五除二扒拉着将肉吃掉，手里只剩一副不完整的鱼骨。

河里弄鱼难度高，又够危险，多数家长不会叫娃儿到冰上去。要想吃鱼，只能到镇上的集市买，市售的鱼大都来自沿海，全是冰冻，并无活鱼。即便这样，所供鱼类也不过两种：一种是小银鱼的鱼干，另一种是带鱼。

普通百姓吃海鱼的经验少，并不怎么懂处理，无外乎裹浆油炸了事，但即便只是那么简单一炸，也好吃得不行。炸过的小海鱼全身酥透，又没刺儿，放嘴里直接吃，真正是“嘎嘣嘎嘣”脆，可口着呢。炸带鱼要先吃外面的酥皮，然后撕它一缕一缕的肉，细嚼慢咽，不敢吃太快，如果上午吃完了一天的限量，那整个下午都只能将口水往肚里咽。

鲁西南人民春节最爱做大锅菜，炸带鱼也能够派上用场，添大半锅水，加一两勺煮肉的高汤，烧开后放入白菜、粉条、丸子、肥肉片等一切可放之物，然后郑重地放些炸好的带鱼段，咕嘟开了加盐即可食用。

按规矩，先要象征性地孝敬各路神仙以及列祖列宗，接下来要送给同族的长辈品尝，送菜完毕自家人才可以吃。

那一碗大锅菜里，颜色缤纷，香气浓郁，喝上一口，简直叫人无法自拔了。我时常想，这些年之所以体格健壮，极少生病，定有这大锅菜的功劳吧。

若去赶县城的年集，还是可以买到活鱼的。鲁西南紧靠黄河，所以活鱼多数是从黄河打捞来的，尤以鲤鱼最盛。鲁西南人民至爱黄河鲤鱼，它不仅肥嫩鲜美，而且金鳞赤尾，吉祥喜庆。结婚摆酒席，若无一道糖醋鲤鱼，是断断说不过去的。

洗净刮鳞，剖肚去肠，用坡刀把鱼的两面解成瓦垄花纹，入热油锅炸透，取出备用；另起锅，加适量白糖、香醋、姜末、料酒、食盐等调料，兑入开水，勾入流水芡，用旺火热油烘汁；当油和糖醋汁全部融合，放进炸鱼，泼上芡汁即成。其色泽枣红，软嫩鲜香，甜中透酸，酸中微咸。

糖醋鲤鱼这道菜，堪称婚宴第一，须请资深厨师料理。客人尝过之后，若纷纷赞赏，方能讨得好彩头，所以办婚宴的人家都不敢大意。按家乡规矩，这道菜只能吃鱼的正面，不能把鱼身翻过来再尝另一面，“鱼”“余”同音，客人翻鱼，会把主家的余福带走。剩下那半面鱼就活活给浪费了。

前几年，犯了吃鱼的瘾，尝试过各种鱼。更有一次，某位知名家具设计师请我到中粮大厦的苏浙酒楼用餐，点了条名贵的长江鱼，味道固然美，但再也吃不出童年时的感觉了。

西瓜做的酱

吾乡鲁西南盛产西瓜，多余的西瓜吃不了，干吗？

做酱啊。

每年炎夏，村里的人们便开始忙着做西瓜酱。拣个头大的西瓜，削去外面的硬皮，将西瓜剖开，切成滚刀块，和事先准备好的霉变后长了绿毛的大豆一起放缸里，加盐、花椒、八角等调料，然后赤膊，将双手伸进缸里，进行深度搅拌。

密封起来，放太阳底下晒，发酵，然后静静地等它成为美味。

待到初秋，酱成，掀开缸盖，家家院子里都飘着西瓜酱的香气。那香气清新好闻，与秋天的空气一样，叫人着迷。

主妇做出得意的酱，不免东家送一碗，西家送一碗，只待别人讲一句“不错”，便笑吟吟地甜到心里了。

多数人家做一大缸，就可以吃到冬天；有贪吃这口的人家做两三缸，却也百吃不厌。

西瓜酱是百搭菜，任何时候都可以吃。喝粥就它，保证你多喝两碗；吃馒头时就它，保证你多吃两个；哪怕是搭配水饺，也不觉突兀。西瓜酱最佳的食用场景，还属吃着山东壮硕筋道的大馒头，喝着清香软糯的小米粥，再来一口清新可口的西瓜酱，美了美了，简直飞上天！

在我记忆里，西瓜酱并非传统咸菜，直到90年代中期才风靡一时，始作俑者已无从可考，只能说是劳动人民集体智慧的结晶。其简单易行，所用材料又极为普通，无非是费点时间和手工，故而大受欢迎。

西瓜是甜的，却反其道而行，让它变成酱菜，将逆向思维运用于食物，常有出乎意料的效果。此前，一向认为故乡人民传统守旧，但西瓜酱用有力的事实证明，这不过是我的偏见而已。西瓜酱给我的启示是，创新永无止境，重要的是要打破思维定势，此路不通，何不换一个方向试试?

这一道不起眼的小菜，几年之内，便在鲁西南大地流行开来，散播到千家万户，成为餐桌必备，说到底，原因只有一个：好吃。

西瓜酱且不像一般的咸菜那么咸。西瓜的甜，中和了酱的咸，中间又浸透了豆香，再加上汁水特别丰盈饱满，会叫人越吃越上瘾。它实在算酱菜里的另类，平淡生活中的美味。

后来，《舌尖上的中国》第二部冷不丁地提到了郓城的西瓜酱奶奶，这一朴素的酱制品便借此传播开来，逐渐为全国人民熟知。这集《舌尖上的中国》吸引我的，不只是西瓜酱，还有做酱的72岁的孙兰英，她朴实、自然、恬淡，认认真真地过着日子，带着孙子，不让在外的儿女有丝毫担心……她说话的样子、做酱的姿态、眼里的柔情，像极了童年记忆里的姥姥和奶奶，像极了鲁西南的许多老婆婆——她们勤劳俭朴，乐观坦然，活得明白又知足，一味付出，从不索取，以瘦弱的肩看护着小家。那一缸用心做出的美味西瓜酱，便是她们爱家的明证。

每逢春节胖十斤

按鲁西南风俗，进入农历十二月，就要为过年做准备，这是天大的事儿，绝对马虎不得。

最先要做的，是财务预算，过这个年需要多少袋面粉，割多少斤肉，串多少家亲戚……总共要花多少钱；紧接着制订计划，分派任务，时间安排须合理，分工协作很重要；最后就是贯彻落实，一口气儿忙到年三十。

前二十天，基本是忙各种杂事，置办新衣，买面、猪肉、鞭炮等，从腊月二十一开始，时间陡然紧张，所有的人们都加入到忙碌的队伍当中，清扫房屋，修葺锅灶，浆洗衣服……各种忙不完的事，活儿都是大人干，小孩子只懂打打闹闹，满世界都是欢快的空气。

腊月二十三，开始蒸馒头，小孩要帮忙拉风箱，雾气腾腾的厨房里，满是新蒸馒头的香气，等出锅，照着大白馒头狠狠咬一口，又香甜又软和。光这馒头要蒸一两天，总共十几二十屉，几百个，足够全家吃到来年二月。之后蒸各种主食，按我家五口人算，一般要四屉菜馍馍，三屉豆囤子，两屉花糕。

鲁西南的菜馍馍，其实就是大包子，一般用白萝卜和猪肉做馅，但仅有这两样会显得清淡，要让菜馍馍变好吃，当然还要加入猪血、豆腐、粉条，各种食材剁得细碎，然后搅在一起，放油放盐放佐料，蒸出来喷喷香。如果觉得还不够，干脆放个大招儿：将肥肉切成丁，搅拌进这馅里，一准吃得你满嘴流油。

吃菜馍馍要趁热，刚出笼时最佳，我一口气能干掉五六个，吃得油腻，喝碗热水，整个胸腔里都捋顺了，舒坦！

豆囤子和菜馍馍包法一样，馅料不同：把红小豆、地瓜、大枣一起煮熟，放进大盆里捣碎，一直捣成泥状最佳。如果觉得不够甜，可放些红糖进去。一般用白面做皮，如换用玉米面或黏面，效果更好，豆囤子亦是可口，咬在嘴里，甜甜糯糯，绵软香甜，对小孩尤其有吸引力，很多不爱吃馒头的小孩，面对豆囤子毫无抵抗力。

花糕是面食艺术，使用鲁西大枣做点缀，通过巧妙的手法，弄成花样形状，上笼一蒸，定了形，甚是漂亮，白白的面花上有红枣点缀，甚是吸引眼球。但要论口感，并不算佳，一般都是为上供或走亲戚而制作的特别礼物，其功能性超越实际用途，小孩儿也只喜欢抠上面的大枣吃。

蒸完这一系列主食，总算可以放松下精神。到大年二十九，还要干两件大事儿：

一是煮肉。把几十斤猪肉切成一个个大方块，放大铁锅里，搁上十来种香料、药物组成的佐料包，急火猛煮，但见铁锅里咕嘟得厉害，香气溢满厨房，小孩闻着香气，在锅边一直流口水，嚷嚷着“我想吃”，大人看不过，就捞根骨头赏了。现在想起那些啃过的骨头，还是觉得浓香异常。倒是那大块大块的肉，没留下任何印象。而今每每吃东北菜，总不忘点大棒骨，仔细想想，正是童年对骨头那种特别的情感所致。

二是准备饺子馅。先将开水煮过的白萝卜丝儿去水分，剁碎，与剁好的肉泥混合到一起，加入酱油、香油、五香粉，为使这馅儿更入味，就得用双手来回搅拌，使各种食材充分融合，直至成为一体。

这些事儿刚忙完，年就劈头盖脸地来了。

过年只有两种地儿可待，一是自己家，二是亲戚家。不管在哪儿，食物都丰盛。鲁西南人民好客，客人吃不好，自己没面子，所以不管贫富，让人吃好才是正道。

每走一次亲戚，都是一场战役，同菜品做斗争，同自己的胃做斗争。

本地吃席，讲究排场，大鱼大肉绝不可少，汤汤菜菜不能重复，席分“大八八”和“小八八”，大八八是八八六十四道菜，小八八是三八二十四道菜，每吃一场，都累到半死，用苏轼的话讲，就是“入了酒食地狱”。

在自己家较随便，但每顿饭也要弄几道菜，有热有凉，凉菜断少不了本地人至爱的“凉拌藕片”和“猪皮冻”；热菜包括“蒜苗炒肉片”“爆炒豆芽”等家常菜。

在鲁西南，二月二之前都算是在春节的范畴之内，这一个多月吃下来，体重至少能增加十斤。

荆芥，荆芥

前几天，与相君兄小酌，去的是河南烩面馆，他带着徒弟小九。我们仨啃羊棒骨，喝胡辣汤，饮啤酒……迎接气势汹涌的夏天。吃到一半，赫然发现墙上的红色手制海报，重点推荐一道菜，“凉拌荆芥”，那必须来一盘啊！

相君兄与吾同乡，自小食荆芥长大，对那味道有深深的眷恋。

待凉拌荆芥上桌，迫不及待夹了一筷，味道稍冲，浓郁饱满，整个口腔里迷漫着荆芥独有的刺激性香气。问从未吃过荆芥的北京姑娘小九啥感觉，小九说，跟薄荷的味儿简直一样一样的。两者味道有相似处，长相也接近，叶片儿外形近乎一模一样。发微博上给人看，有人猜是罗勒，有人猜是薄荷，有人猜是紫苏。

家乡有道名菜，“荆芥拌黄瓜”，我们索性把才点的拍黄瓜跟那盘荆芥相拌，生生创出一道家乡菜。

荆芥是那种略带邪恶体质的食材，性温，微苦，有股呛人的小冲劲，对其他食材相当挑剔，能与之组成最佳拍档的，唯黄瓜而已，如果换成别的，便很难做出称心如意的美味。清新爽脆的黄瓜拍碎，盛碗里，揪一把荆芥叶子放进去，稍加搅拌，就可以将它那亦正亦邪的味儿充分勾引出来，神不神奇？

第二天逛菜市场，刻意留心了一下，菜摊上果然有荆芥出售，问价，三块一把。如获至宝赶紧买下，将其中的一半，做道荆芥拌黄瓜；另一半，做面条时当了调味料。以我经验，面条佐料有三宝：香椿、香葱和荆芥。面条煮熟，将荆芥叶子放进去，滴几滴香油，加少许盐，就是一锅美味荆芥面。

荆芥这食材物美价廉，吃它的人却不多见，卖菜大哥告诉我，食荆芥之地域，基本上是河南大部、山东及河北局部。后来在微博上看到有人说，安徽和江西也吃。

可翻阅了许多介绍美食和植物的书，均不见荆芥踪影。向来广闻博见的蔡澜在其《食材辞典》中，对罗勒、紫苏、薄荷皆有详细介绍，关于荆芥却找不到一个字。

古人对荆芥的记载虽丰，有百余种之多，但大多语焉不详，说法含糊——似乎人们普遍不太熟悉这种兼食材、药性于一体的植物，关于其药性介绍，又各有偏差，不知道到底要信哪个好。

如《神农本草经》称，“主寒热，鼠瘘，瘰疬生疮，破结聚气，下瘀血，除湿痹”。

如《开宝本草》称，“治妇人血风及疮疥为要药”。

如《日华子本草》称，“利五藏，消食，下气，醒酒。并煎茶，治疗头风，并出汗。豉汁煎，治暴伤寒”。

……

凡此种种，大体归纳了一下，古人对荆芥药性之共识主要是以下几点：散风热，清头目，利咽喉，消疮肿，利血脉。

度娘亦有荆芥词条，“为发汗，解热药，是中华常用草药之一，能镇痰、祛风、凉血。治流行感冒”。

也提到它是可食用的植物。“荆芥有强烈香气，主要以鲜嫩的茎叶供作蔬菜食用。荆芥富含芳香油，以叶片含量最高，味鲜美，还可驱虫灭菌，生食熟食均可，但以凉拌为多，一般将嫩尖做夏季调味料，是一种经济效益高、很有发展前途的无公害、保健型辛香蔬菜。”

“味鲜美”这点实在不敢苟同，有人觉得好吃，有人却避之不及。

搜了些荆芥食谱，如清炒荆芥、荆芥腐竹、荆芥洋葱等，一一尝试下来，以为口感均不如荆芥拌黄瓜叫人印象深刻。也看到网友关于荆芥的创新试验，诸如荆芥卷饼子、荆芥西红柿鸡蛋面、荆芥鱿鱼须。

且趁这荆芥正盛的季节，赶紧一个一个试来吧。

红萝卜 & 白萝卜

鲁西南农村的冬天，萝卜和白菜必不可缺，这里说的萝卜，是指那种又粗又壮的白萝卜，没有胡萝卜也能过冬，但没有白萝卜万万不行。

胡萝卜在一众蔬菜里地位偏低，入不了家乡人民法眼。

它看起来虽不可缺，但是很难有机会上得台面。虽然家家都种，却少人用它做主菜，更多是拿它当做粥的原料，以及腌咸菜。

胡萝卜这蔬菜，产量高，种一小片地，能拔出一大堆。又可以长时间储存，不易坏，其实算过冬佳品。

胡萝卜做粥，最佳搭档是小米，这两种食材放一起，用小火慢慢熬，熬到稀烂稀烂，有一定的黏稠度，就好了。喝一口，舒服，养胃。但萝卜和地瓜比，缺点亦明显，它只有微淡甜味，这点不招小孩子喜欢，论营养，其实比地瓜高了去。

对家乡人民而言，胡萝卜最佳用途是做咸菜。鲁西南风俗，家家在冬天来临前都会腌一缸咸菜，是大缸，可以腌上百斤的那种缸。放盐之外，还要放大料、花椒等，之后加水，盖上盖子，就可以了。所腌的食材，也并非只有胡萝卜，切成条的白萝卜，整个的大白菜帮子统统可以扔里面，满满一缸放在厨房，随吃随取。

一变成咸菜，胡萝卜便为自己赢得了未来，它色彩鲜艳，清脆可口，催人食欲，都符合小孩的胃口。我仔细回忆童年，便发现，那时期的许多画面都跟饥饿有关——大概是长身体的原因。反正放学回到家，找不到东西可吃，就去咸菜缸捞根胡萝卜，“咔嚓咔嚓”地乱啃一气。一根胡萝卜，能抵挡好一阵子饿。

这缸咸菜可以吃到来年三四月份，咸菜放到春天就不好吃了，腌得太老，疲沓沓的，软趴趴的，没有了可人的脆劲儿。

温度稍微一高，咸菜缸里泛起白点，白点长成一片片的白毛，这咸菜就彻底不能再吃了。

事实上，胡萝卜亦是上好的饺子馅原料，它的最佳搭档是羊肉。同样将胡萝卜先擦成丝儿，然后锅里稍微煮一下，捞出，把水分挤掉，拿两把刀，左右开弓剁成馅儿，和羊肉馅拌一起，加入各种调料，包饺子绝佳。胡萝卜可以去除羊肉的膻味，把它的香诱使出来。

但那会儿羊肉比较贵，一般人家舍不得吃。

我自己在家做饭时，不甘心于胡萝卜的吃法如此稀少，便将它切成小段炒，但每次都没好结果。原因有二，一是火候难掌握，不是硬了就是太软；二是胡萝卜本身半甜不甜，放过盐后，咸中又掺杂了微甜，不好吃。

胡萝卜的最佳吃法，是生食，从地里拔出来，洗一下，直接啃，脆生生的叫人喜欢。水分大，解渴。

再来说说白萝卜。

为了确保它们不被冻坏，能安全越冬，就得挖了专门的地窖存放。地窖挖得越深，里面越暖和。入冬前，地窖就要挖好，挖地窖是力气活，洞子狭小，须弯腰弓背，即便如此，还是使不上劲，也不舒服。挖一个标准地窖，得耗费七八天时间。

天稍一冷，立刻把菜放进去。

找个竹编的箩筐，系上粗麻绳，先把小孩放筐里，徐徐送到窖底，然后再一筐筐地向下放白菜或萝卜，窖底的小孩欢快地把白菜萝卜码整齐，排好队，就算大功告成。顺便说一下，地窖缺氧，不能待得太久。

白菜吃法较为单一，做来做去无非是白菜粉条炖豆腐、猪肉炒白菜，再或者做汤做面时放点白菜叶子调剂味儿。但白萝卜不一样，做法百变，更受小朋友欢迎。

秋天时，白萝卜收获，一大堆放在院子里，用镰刀或菜刀割去萝卜缨子，趁天气晴好，家家都擦萝卜丝儿，拿只洗净的萝卜，斜成40度角，在擦丝器上反复推送，下边就“嗞嗞”地冒出很多白丝儿。一天能擦一大筐，摊平了，放在阳光充足的地方晒，不几天，湿萝卜丝儿就变成干丝儿，晒干后的萝卜丝儿，不及原先一大筐的五分之一，掂在手里，总觉得轻盈无比，没有劳动得来的成就感。

将干丝儿收藏好，要防止泛潮，待到冬天或者开春，新菜尚未上市之时，就可以拿这些萝卜丝儿炒菜，可以抵挡好大一阵子。

要吃这干萝卜丝儿，须要先放水里泡一泡，发一发，待它变软才可以使用。炒菜时，锅里要放足够的油，是平时的二到三倍，这样炒出来的萝卜丝儿，油滋滋的，有足够香味，才好吃，萝卜丝儿和茄子一样，均是耗油食材，油若放得少了，炒出来的菜便干干的，寡淡难食。

大多晒干的菜，都存在这个问题，而小时候的农村，家家都不富裕，所以又不敢太用油——这事便成了吵架的导火索——炒菜多放油的小媳妇，常被丈夫叱责为“不会过日子的娘们儿”——媳妇也委屈，还不是为了让家人吃好一点。

处理白萝卜最大的问题，是如何去除它本身自带的那股怪味，如果直接切成丝或片或块去炒，炒再熟都免不了那味。想去这味道倒也不难，只消将它们放热水里焯一会儿，怪味就自动消失。

到春节，萝卜派上了大用场。

从地窖里取出四五筐，差不多是整个春节的用量，别以为太多吃不掉。将白萝卜全部擦成丝儿，然后放进大铁锅里煮，先把怪味儿给逼出来，用笊篱控下水，将萝卜丝儿放在薄纱布上，包好，一只手攥紧纱布口，另一只手使劲儿反复挤压，将剩余的水分挤出，越干越好，直到挤成一个紧缩的菜团子，把挤好的菜团子放一起，拿起大菜刀起劲儿剁，剁到稀碎，要多碎有多碎。

把剁好的萝卜馅儿和肉馅放一起，加入各种调料，用两只手搅拌，使它们充分融合，完全混到一起，就成了饺子馅儿。

如果要炸丸子，则可以将萝卜馅儿拌上剁碎的粉条，用面粉黏合，炸出来的丸子别提有多美味。

在萝卜馅里放入肥瘦相间的碎肉丁、剁好的粉条、猪血、豆腐等物，便可以用来包大包子，亦好吃到不留情面。新出锅的包子，冒着热气，香气四溢，见到的人都会流口水。吃三五个大包子，喝一两碗白开水，舒坦绝美。

没有萝卜馅儿，年过得便无滋味。白萝卜在鲁西南人民心目中之位置，由此可见一斑。

男不吃韭，女不吃藕

夏天多吃藕，活到九十九。

这是我瞎编的。不过也可以找到根据，《本草拾遗》说，藕能“消食止泻，除烦，解酒毒，压食及疾后热渴”。天热人燥，来盘凉拌藕定是绝佳选择，那清凉沁人心脾，吃它之后自然舒爽解渴。

民间有俗语曰“男不吃韭，女不吃藕”，据说韭菜壮阳，吃多了容易上火；藕属凉性，对于生理期的女性会造成伤害。另有一种相反的说法，叫“男不离韭，女不离藕”，其理论根据是男人要有阳刚之气，女人又常需要通气。

两个说法都有道理，关键是如何理解，任何食物，都要讲一个量，贪吃或多吃，皆不见佳。中国饮食之法，说到底是平衡的哲学。

吃藕的好处多多，有现代科学做证。

一来它药用价值高，我们常吃的藕是莲藕的地下茎部分，具有清热生津、凉血、散瘀、止血之功效，可滋补入药。

二来用藕制粉，能消食止泻，开胃清热，是妇孺童妪、体弱多病者的滋补佳品。

三来它含有丰富的维他命C及矿物质，有益心脏，促进新陈代谢、防止皮肤粗糙。

小时候走亲戚，凉拌藕是吃酒席的标配，这道菜上来，大人们都叫小孩多吃，理由是“吃藕长心眼儿”，哈哈，又是中国传统里“以形补形”那一套，藕有眼儿，吃多了自然长心眼儿，神逻辑！

不过，凉拌藕脆生生，冰津津，小孩子没有不喜欢的。一桌丰盛的酒席，最先空盘的，基本上都是凉拌藕。

藕可生食，但实际上，刚刚挖出来的藕，绝大部分并不好吃。其味清淡，不甜，还有其本身特有的那种烦人的丝儿和淡淡的泥腥味，无论口感和味道，比瓜果李枣差太多。但民谚有云："花下藕，台下韭，十八姑娘，黄瓜扭"，极赞其美其嫩。

吾国两大湖——大明湖和西湖皆以产藕著称，前者所产之藕，雪白爽脆，可当水果吃，称"果藕"，果藕切片调上糖醋，则成酒席上的冷盘；后者所产之藕，孔小、肉厚、味甜、香醇，由其加工制成的藕粉，色泽白里透红，清香味浓。所以，诸位童鞋若有机会去济南和杭州，一定要到大明湖和西湖去吃藕。

国人吃藕，传统上只此几种。

一是凉拌，说得多了，这里暂且不表。

二是炒熟。藕一炒就变颜色，发黑发灰，颜色不好看，口感仍算佳。

三是煮汤，吃过湖北菜的朋友，一定对排骨藕汤印象深刻。湖北人喜欢用藕和肉骨头煨汤，文火煨到肉烂脱骨，藕块吃起来口感粉糯，喝上一口汤，香浓清甜，藕香与肉香混在一块儿，吃得人大汗淋漓，好不快活。特别是武汉的冬天，街头热气腾腾，一个个藕汤摊位排满了人，就为等那一碗可口的汤，看着还真叫人眼馋！

四是冲藕粉喝，这个简单，也不说。

五是用糯米与藕搭配，有两种做法：一种是煮糯米粥，粥里放藕块儿煮。一种是将藕孔里放入糯米，蒸熟后切片吃，所谓"糯米藕"。

民国大馋人周作人谈吃时当然不会放过藕：其一是藕粥与蒸藕，用糯米煮粥，加入藕去，同时也制成蒸藕了，因为藕有天然的空窍，中间也装好了糯米去，切成片时很是好看。其二是藕脯，实在只是糖煮藕罢了，把藕切为大小适宜的块，同红枣、白果煮熟，加入红糖，这藕与汤都很好吃。

藕是妙品，是优秀的下酒菜，几乎人人都爱。但挖藕却是件并不轻松的活计，小时候在家乡，常能看到挖藕人，寒冷的冬天里，穿连身的长皮裤，在污泥潭里，配合着工具，脚踩手拽，将藕从深处拉出来，着实是费力。

美味莫过茄子

诸般食材中，茄子以其鲜明个性和圆圆长相颇惹我爱。

只看它光滑圆润的紫皮，就特别顺眼。童年夏天，常和小伙伴到菜园里寻摸，若无瓜果可吃，无花朵可玩，一般就会从茄架上拽下个茄子吃，生茄肉软不溜秋，有股微微的甜味，倒也不算难吃。那会儿，菜园里还有一种“白茄子”，白中透着点淡绿，味道和紫茄子几乎一模一样，现在的菜市场已较难见到。

茄子耗油，油放少了发干，口感欠佳，因此，茄子的最佳拍档是五花肉，浓郁的肉香和茄子充分融合，互相吸收对方的味道，软软糯糯，吃在嘴里，香美异常。

茄子还是最好的凉拌菜。将长茄子整个儿丢进沸水里煮，煮到完全变色，软烂，捞出来放凉水里拔，反复好几遍，如不够凉，干脆放冰箱冻一会儿，取出来用手撕成细条，倒入醋、酱油、蒜汁、香油，口感叫一个清新，令暑气不再那么逼人。

爱吃东北菜的食客，没人不熟悉“地三鲜”，东北人豪爽，东北菜大气，将土豆、茄子、青椒切大滚刀块，一起炒了，走的是混搭风，只是菜切得足够大，分量足，特别有存在感，可以直接当主食。以我食地三鲜之经验，好吃是没错，但东北人民下油也太重了，每次吃完这道菜，平均要喝五杯水。

油少了不香，油多了腻歪，这是炒茄子的辩证法。

《红楼梦》里，贾府做了道“茄鲞（xiǎng）”，吃得刘姥姥一愣一愣的：“别哄我了，茄子跑出这样的味儿来了！”

凤姐儿为姥姥介绍制作方法："这也不难。你把才下来的茄子把皮签了，只要净肉，切成碎丁子，用鸡油炸了，再用鸡脯子肉并香菌，新笋，蘑菇，五香腐干，各色干果子，俱切成丁子，用鸡汤煨干，将香油一收，外加糟油一拌，盛在瓷罐子里封严，要吃时拿出来，用炒的鸡瓜一拌就是。"

茄子遭到这待遇，跟刘姥姥进大观园差不多。以这道菜招待刘姥姥，曹雪芹或者真动了一番心思。

有不嫌事儿麻烦的童鞋大可一试。

菜馍君小时候，家里的菜地，百蔬俱存，同园争辉，唯茄子占地最广，种植最多，一来是它结得勤，二来它吃法多，从夏天吃到秋天，变换着各种花样，一直吃到霜降，霜一打，便是"霜打的茄子"，蔫蔫的，再也不长了。

茄子产量大，根本吃不完，丢掉当然可惜，便用来做茄干。将茄子竖着切成薄薄的片，穿在长绳子上晾晒，连续晒它个十几二十天，等彻底干了，收拾起来，放进大麻袋，以待缺菜的冬天吃。那时候没塑料大棚，冬季缺菜严重，平时吃的，不是大白菜，就是白萝卜，吃到快恶心，有这茄干，恰好是调剂。

待吃的时候，将茄干放热水里泡，泡发了滤去水，直接炒着吃，多放油，筋道好吃。如果能放点儿肉进去，可着劲儿一炖，对那个年代的孩子来讲，简直是最高级美味。

齐如山先生在《华北的农村》里，介绍了一种茄子的吃法，也极实用：切成薄片可是连而不散，用盐浸一夜，挤去盐水，加入花椒末，加油煎熟，乃绝好的下酒之菜，就粥食之亦好，且可保存数月之久。

齐先生这道菜，在没有冰箱的年代，自然是极好的。想想，漫漫无涯的冬天，闲来对饮，有这样一碟美味的茄子相伴，该是何等佳肴。

在中国广大的北方，有一种与茄子相关的美味，更是许多人挥之不去的记忆——茄盒，我在济南吃过几次，一直难忘。两片局部相连的茄片，中间塞满肉馅，然后把鸡蛋、面粉打成浆，将带馅的茄片蘸浆放油锅里炸，待金黄时捞出，蘸着椒盐吃，热气腾腾，咬一口，满嘴香，美得不像话。

茄子是好东西，不但清热解暑，更有防衰老功效，所以要多吃，但脾胃虚寒者例外。吃茄子尽可能不要去皮，因为皮里有维生素B。

将全世界都凉拌

天儿very very hot，一点也没胃口，到菜市场转一圈，菜虽多，没几样想吃。

肿么办？凉拌啊。

仔细一琢磨，凉拌真是个绝妙的烹调技巧，被我大中华吃货运用到炉火纯青的地步，但凡食材，几乎都可以对其施展凉拌大法，不要说芹菜、菠菜、圆白菜、莴笋、土豆、胡萝卜这些普通蔬菜，即便难以加工的各类肉食、下水，甚至主食，也都可以被一水儿拉入凉拌界。

抬头看见“老王手擀面”的招牌，便打定主意，要做凉面。跟老王买一斤面条，老王家的手工面，全市场数第一，筋道有嚼头。再来根黄瓜、四五个西红柿、一把油麦菜。

做凉面简单，把面条煮熟，捞进事先备好的凉水中，轻搅几回，将水倒掉。若觉得不够凉，再来一遍，十分耐凉的人，也可以放冰箱冻它两分钟。然后把黄瓜拍了，西红柿子切成块，油麦菜斩三段，和凉面一起放盆里，加入适量生抽、镇江香醋、盐，充分搅拌，喜食麻酱的人，也可以加两勺子麻酱，我是重口味，当然要加蒜泥或青辣椒，吃凉面没蒜泥，简直要我命。

最后再滴几滴香油，大功便可告成。吾乡鲁西南人民最爱凉面，那凉面是真的凉，拒凉白开而用真凉水，从大眼井里打出来的，那井水神奇，冬天暖暖地冒着热气，夏天反而冰凉清静。煮好的面条，在这凉水里过两遍，放入调料搅拌，吃起来特别爽口弹牙。

酸、咸、鲜、凉、香，夏季暑热一扫而净。其实，也不妨大胆创新，若你喜食日料，加芥末进去也未尝不可。清凉芥末面，味道刺激，吃得过瘾。

夏天是吃凉菜的最佳季节，一是夏天本来菜就多，二是夏天的菜多数皆可凉拌。爱吃茄子，咱来道蒜泥茄子；爱食苦瓜，就做个凉拌苦瓜……过夏天的口号应该是：把一切都凉拌！

往川菜里一寻摸，简直是凉拌菜的教科书：棒棒鸡、蒜泥白肉、夫妻肺片、川北凉粉……不唯川菜，东北菜里的大拉皮，关中的擀面皮，新疆的大拌菜，西南的酸辣蕨根粉，流行于全国的拍黄瓜……不管天南地北，无论黄河上下，皆以凉拌迎接盛夏。

与中国人比，老外就太惨，一道沙拉，一种做法，一个味儿，简陋得快拿不出手来。抹点酱，搅一搅，生生吃开去。

中国人的美食哲学，向来讲究辩证法，凉拌亦是如此。

首先，它强调凉，凉是拌的前提和基础，如果不凉，拌就失去意义；拌是凉的深入和发展，如果不拌，凉便没有存在感，拌的是味道，是将凉发展至“好吃”的境界。

从本质上说，凉拌吃的不只是食材，还有调味料，没胃口就得下重料。

凉与拌紧密结合，缺一不可。

凉菜的通常做法，首先要汆水，目的是去除菜里的生味和细菌，保证健康；汆水后放入凉白开中降温，不但可以让食材迅速冷却，而且可使其口感爽脆；最后是加入调料拌之，出菜。

各地凉菜加工的程序大同小异，但在细节处理上，却因口味不同而有明显差异。

川人嗜辣，几乎所有凉菜都会放红油或者花椒水，强调香辣和麻辣味道；而北京拌凉菜喜欢用芝麻酱，凉面自不必说，粉皮、黄瓜、金针菇、鸡丝等，无一不搭芝麻酱；到俺们大山东，口味更重，醋和酱油就加得特厉害，菜吃完，剩半碗黑乎乎的汤汁儿。

我个人最爱的凉拌菜，就那五六道：水煮花生米、凉拌藕、糖拌西红柿、拍黄瓜（荆芥拌黄瓜）、香椿豆腐等。这些日常小菜，食材好找，方法简单，均普通至极，且都是饮酒的极佳伴侣。一二三四位老友，六七八九碟凉菜，饮酒闲聊，不亦乐乎？

几年前和小S去吃簋街的吴裕泰内府菜，点一道“香椿苗拌核桃仁”，顿被这菜惊住，香椿苗的清香雅致，搭配核桃仁的爽脆口感，就像文艺范儿十足的美女高圆圆邂逅了英俊帅气的小鲜肉赵又廷，满嘴里香气浑然天成，又无任何腻歪之感，立时为之叫绝。

前几天去济南，又吃到一绝美凉菜，曰“明湖脆藕”。那藕切的是滚刀块，上面浇了油辣椒，放嘴里尝，脆劲儿无敌，酸酸辣辣，夹杂着淡淡的微甜，好吃到家。大明湖所产之藕，向来闻名，一筷子下去，竟感觉自己幸福得像恋爱中的李清照。

汪曾祺先生在《故乡的野菜》里，提到两样小菜，有喜欢的，不妨一试：一道是杨花萝卜（即北京的小水萝卜）切细丝拌海蛰；另一道是拌荠菜，荠菜焯过，切碎，和香干细丁同拌，加姜米，浇以麻酱、香油、醋，或用虾米，或不用，均可。这道菜常团成宝塔形，临吃推倒，拌匀。

天凉好个秋

国庆节盘算着回老家，就可着劲儿想，能弄点什么吃的啊？

现今之农村，与城市越来越无分别，大部分吃的都需要通过市场解决。在我童年时，秋季食材最是丰盛，全靠自然馈赠。小朋友们欢欣鼓舞，三天两头就想着搞出点动静，把自己吃成一坨小胖墩。

地瓜长成了，拿起钉耙往地里随便一刨，就能弄出一堆。刨自家的也行，偷人家的也可，反正地瓜产量大，不是值钱东西，无人在意。在地面上挖个洞，洞上搭些粗树枝，树枝上放土块，捡来干柴在洞里生火，一直烧到树枝断掉、烫热的土块掉进洞里，将地瓜埋到热腾腾的土块上，并于其上覆盖新鲜浮土，焖约莫半个钟点，扒开浮土，就可以吃上热气腾腾香气袭人的熟地瓜了！

小伙伴“叽叽喳喳”吃得开心，经常弄得一鼻子一脸的灰。

烤毛豆最简单。收割毛豆时，只消抱一捆放到田里的空地上，用火柴点着了即可。毛豆的枝叶秸秆有油性，易燃，“噼里啪啦”就着将起来，火苗蹿到一人多高，烧得人脸儿发烫。待火灭后，一片灰烬，灰烬里全是张嘴的豆荚：里面的豆儿被烤得油亮，散发着迷人的光泽，剥几粒放嘴里，是焦脆焦脆的那种香。

秋天的玉米已经老了，焖不得，也烤不得。

田里再无东西可吃，便将目光转向树林的果树。小朋友对吃，有种天然的敏感和嗅觉。但凡一阵香气从鼻子底下路过，循着香气就能找到那果子到底是在哪里。

杏儿一般夏天成熟，但村里却有几棵秋天才成熟的杏树。它们结出的杏，虽不如夏天的杏儿那般甜美，但贵在稀少啊，吃起来别有滋味。其中一种杏叫“十月冻”，直到十月才成熟，阴历十月，即将入冬，已经很冷，寒流来得早的话怕是已经下了雪，但“十月冻”仍然挂在树枝上，傲视冰雪，一副酷酷的样子。

秋季水果，以梨最为盛行，我印象中，梨的品类不可胜数，有香脆的大白梨，亦有褐色难啃的灰梨，有拳头一般大小的梨，也有小手指肚一般小大的糖梨——说是糖梨，却一点都不甜，又酸又涩，禁不住好奇心尝一个，一整天嘴里都充满怪怪的味道。这种糖梨树一般都长得很粗很壮，果子结得也多，密密麻麻，一嘟噜一串的，却最不受小朋友待见，但凡有其他水果便无人理它。

核桃也好吃。将青皮核桃采下来，用砖头砸去外边的青皮，再将坚硬的核桃壳碎裂，露出白色核桃仁，小心地剥除外面那层薄薄的黄皮，将仁儿丢进嘴里，香甜清脆。不过，青皮的汁弄到手上，就跟染了色一样，初时不甚明显，过个两三天再看，双手成了古铜一般的颜色，用洗衣粉或肥皂也洗不去，没有个七八天那颜色是不可能掉的，家长一看，就知道娃儿去偷人家核桃了。

秋天的柿树最为壮观，叶子落了，树上挂满小型的红灯笼，美得像幅画。不过，小朋友对柿子大多没有兴趣，这东西看着红彤彤惹人爱，其实并未熟透，摘下后还要放个十天半月才可以吃。倘若直接吃，舌头上就会沾上一层厚厚的涩汁，涩得人只想咬舌自尽。

柿子被放到暄软，涩味尽除，软软的皮里只剩下浓甜的汁液时，从表皮上撕开一个小口，三下两下一吸而尽，那才是琼浆玉液，跟喝蜜一样，仿佛刚刚经历一场初恋。

很多人家的柿子懒得摘，就一直挂在树上，被鸟啄了，鸟啄过的柿子会特别香甜。有时一阵秋风，很多便落在地上摔得稀巴烂。

吃不完的柿子晒起来，直到干了，颜色变成浓郁的深红，红到些微发黑，上面挂了一层白白的糖霜，便为柿饼，鲁西南的特产"耿饼"，即为柿饼，自唐宋以降，历代被尊为皇家贡品，深受宫廷贵族喜爱。

当然，怎么可以忘记大枣呢。

家乡枣也多，品种亦杂，大致有脆的和不脆的两种，脆的直接生吃，不脆的就等它红了，打下来晒干，到冬天熬粥或做糕点用。

大饼子星人

中学时看电视剧《水浒》，武大郎挑着担子沿街叫卖："炊饼，炊饼！"有顾客光临，武大郎拿给人家的却是馒头！

当下俺就惊了："大郎，这不是存心欺骗顾客吗？导演，这不是存心欺负观众吗？炊饼怎么变馒头？"在我概念里，炊饼就是烧饼嘛。你看，"烧"和"炊"都有"火"字旁。这阴影在心底留存多年，挥之不去。

查资料才知，饼竟然是"古代面食的通称"，这大约是说，不但馒头是饼子，面条也是饼子，如果那时有面包，八成也得叫"西式炊饼"！宋朝时也真有烧饼，又称胡饼，一看"胡"字便可猜得是从外族传过来的。这才发现，《水浒》编剧还真是下过功夫的，细节见真章，一个炊饼还原了历史真相。

水浒里还有种有趣的食物，那便是母夜叉孙二娘卖的"馒头"，注意，这馒头是带馅的，实实在在的"人肉馒头"，武松发现馒头里有几根毛发，便猜出了实情。

馒头和炊饼的差别，就是带馅的和不带馅的。

北京的齐鲁饭店亦有"武大郎炊饼"出售，只不过，它真的把炊饼当成烧饼了，显然背离了历史真实。

童年吃过的烧饼温热焦香，至今难忘。

那会儿，烧饼只有乡镇的集市才有，高高的炉子摆在街边，外形有点像外星人的飞船，店家忙不迭地和面、揪剂子、擀面饼，面饼上抹层油，撒上五香面儿，用刀在边上割出均匀的纹路，正面再撒上一层芝麻，直接放进“飞船”里烤制，不几分钟，焦黄喷香的烧饼就出炉了！揪一片塞嘴里，真个是外焦里嫩，好吃到不行，炭火烤出来的那种焦香味儿迷倒众生。

烧饼之外，还有一种饼，叫肉盒子（注意，它不叫肉饼子），它是在油锅里炸出来的，在那普遍缺少油水的年代，对乡亲们来讲，肉盒子的诱惑力超越吊炉烧饼十五倍，价格也比烧饼贵不少。

将羊肉切末，粉条水发后切得细碎，韭菜切末，将切好后的羊肉、韭菜、粉条拌匀，加入十三香、精盐入味，馅料就大功告成。和好的面团揪成小块，擀成面饼，把调制好的馅料放到面饼上摊匀，包好。用手将包好馅料的面团压扁，用擀面杖擀成饼状，下油锅炸制金黄即可。

烫热的馅，酥脆的皮，外焦里嫩，好吃劲儿就甭提了。

但凡有哪个小朋友哪天跟父母赶集时吃了个肉盒子，回来一定会向小伙伴显摆好半天。

也见过大娘大婶自己烙饼的。找几块砖，在院子里搭个简便的灶台，灶台上放上鏊子，鏊子现在似乎见不到，即便那会儿也不是家家都有。想吃烙饼，就要先去借个鏊子。

寻易燃的干柴火在鏊子底下点着，上面放上擀好的大面饼，尚记得那面饼好大，跟自行车轮胎有的一拼，面饼又擀得好薄，像稍厚点的纸。

面饼子要翻得勤，稍迟就会煳掉。只不过这面饼什么都不加，但筋道有力，很费牙口，有挑战性。而且烙出的大饼易放，不会轻易发霉变潮，适合远行时做干粮。那会儿有谁家的儿子外出，家里就忙不迭地烙几张大饼让带上。

饼还真是世界通用语言。

中国人吃饼，老外也吃饼，中国人的饼分很多种，老外也一样，糕饼是cake，馅饼就是pie，饼干和小甜点一般称cookie。前几年我和两个妹子合租时，曾为一只猫起名叫cookie，希望它可以温顺可爱，但它辜负了这个名字，是个彻底的暴脾气。

老外最爱的，大约就是比萨饼了，叫它pizza。

有个笑话说，老外喜欢吃中国馅饼，也想做来吃，但是他们不知道怎么把馅塞到饼里面，无奈之下只好将馅置于饼上，于是有了现在的“派”，pie。

字典给出的解释说，饼是圆形薄片或扁圆形的面制食品，其实，饼不一定是圆的。我在西安读书时，夜里经常当夜宵的牛舌饼，又长又脆，舍友们形象地称它“鞋垫”。

来北京后爱上了手抓饼，油油的，香香的，放肆地吃，超级过瘾。来，抓！

也喜欢馕，馕上面有花纹，嚼起来很有力道，好多维吾尔族餐厅里都有“馕包肉”，馕沾了肉汤之后就彻底转换了风格。

山东淄博有一种周村烧饼，极薄，极脆，正反两面全是芝麻，酥香到不像话，一吃满嘴往下掉渣儿。

我也爱“嫩牛五方”，我觉得它是KFC史上最成功的产品之一，嫩得汁水迸将出来，配合着筋道的面饼，确实一绝。

前几年平乐园菜市场有家黄桥小烧饼也是一绝。去牛街上的聚宝源吃火锅，麻酱小烧饼也是必点之物。

中国人太爱吃饼了，连成语里都讲“画饼充饥”。老外也太爱吃饼了，俗语说“as easy as pie”，简单至极。

以上都不足表达我对饼子的热爱。

我想说的是，假如有一天地球人发现了一颗大饼子星，我愿意移民到那儿去，和所有爱吃大饼的地球人，创造一个美好的大饼世界。在大饼子星上，不分种族、年龄、学历、肤色……人人平等，人人吃饼。

爱喝酒的山东人

山东人的豪爽，给人的第一印象肯定是酒量。

在京参加的许多饭局上，对方一听你是山东人，马上就来了劲：“来来来，多喝几杯，谁让你是山东人。”

这话听起来蛮不讲理，逻辑上也有漏洞。

但大多数山东人并不争辩，脖子一横，头一抬，一饮而尽。

我理解，山东人有时要维护自己豪爽的形象，便英勇地干了这一杯——换句话说，失身事小，失节事大，喝多大不了“失身”，但如果让人感受不到自己的豪爽，对山东人而言，那简直等同于“失节”。

跟山东人交往，不能轻易提喝酒这档子事。一听到“酒”，山东人立马来精神，随手从桌底下拎出几瓶，跟你拼个天昏地暗。反正在我们鲁西南，经常可以看到不少从早晨开喝，到晚上还不停点儿的汉子——本地唤作“酒晕子”，酒是他们的命，凡饮必尽兴——晕得东倒西歪，醉到不省人事，嘴里还一个劲地嘟囔：“再来一瓶!”

山东人好胜心强，喜欢与人争。你一顿吃仨馒头，他要吃五个；你能喝半斤白酒，他至少要八两——一定把你比下去——喝多少倒是其次，“比下去”才是关键。

放眼全中国，若真要论酒量，山东人根本进不了前三名，更别说头把交椅。不消说和东北人、内蒙人比不了，即便与南方某些省份的人儿一起喝，也未必占得了便宜——这不是随便说说，而是俺和重庆人、贵州人、云南人喝过数场大酒，以及长期观察后得出的结论。我见过的许多南方人，酒量一点儿也不逊色，他们饮酒，讲究不疾不徐，细水长流，慢慢品味，雅致十足。

山东人性子急，容不得慢条斯理，哗哗啦啦喝起来，要的就是痛快。

所以，与其说山东人能喝，不如说山东人爱喝。天冷要喝，天热要喝；红事要喝，白事要喝；家里来客人要喝，家里不来客人自己也要喝；心情好时要喝，心情差时更要喝。找一切机会和理由，喝喝喝。

梁山好汉美名远扬，大概有一半功劳归于酒，酒是表现豪爽的最佳道具，是渲泻情绪的最佳管道。

山东人爱喝、肯喝、喜欢喝，但这和酒量大小没关系。真正能喝的山东人，动辄一两斤的老酒鬼，十个里面也挑不出一个。

但山东人讲义气、爱面子，凡事喜欢用酒解决。

在山东，再难办的事，再难破的局，上了饭桌，酒过三巡，菜过五味，只要喝爽，基本没啥搞不定的。搞定之后，也就成了朋友。下次见面肯定还要喝。

如果不喝，就跟你翻脸。表面上不翻，心里至少也要翻好几次。

喝酒好办事。其实，在其他地方也好办事，但在山东，是特别好办事，由不得你不喝。送五千块钱给人家未必乐意，但请场酒便能把关系套近乎，何乐而不为？

山东人的彪悍酒风大约是这么形成的。

民间的家宴上，老爹总会鼓励刚刚学会走路的儿子：“儿子，来，啧一口。”

儿子毫不客气地喝一口，噎，一口吐出来，太辣了，辣得哇哇大哭，当爹的也不劝慰，顶多嘿嘿地笑道：“孬种。熊包。”

我有个哥们儿，他爹酒量不大，但总喜欢充能耐，充豪爽，与十里八村爱喝的经常喝到胃出血。这让我觉得恐怖，每次去他家都备感压力。

山东人酒量大——这句话不正确，不过是高出全国平均水平而已。

辑二 美味在路上

一生没有宴饮，就像一条长路没有旅店一样。

走千里路，读万卷书，还要认识形形色色的人，品尝各种各样的食物，爱一个地方，无非是喜欢过那里的人，走过那里的路，爱过那里的食物——那些食物深深地融进了我们的身体和记忆。

胡辣一碗汤

我住处附近，有家河南烩面馆，是那种朴实至极的馆子，桌椅上泛着油光，似乎从不曾擦净过。馆子永远人头攒动，永远吵闹喧哗，烟雾与谈笑交织，肉香与面香夹杂。

若是夏天，一水儿光膀子吃面的老少爷们儿，边划拳边叫喊边喝酒边抠脚丫，那份随性和惬意唯他们才有。

这家烩面馆的碗真大，像个盆儿，一碗面只要十块。周遭许多操各地口音的打工青年，全都跑来吃，一碗烩面，一只羊腿，一瓶啤酒，两个小菜，幸福指数瞬间陡升。

凡有鲁西南来客，我都会带到这家店。必点的不是主角烩面，却是配角胡辣汤——家乡紧邻河南，仅隔一条黄河，方言相近，风俗也差不多，黄河两岸人民，都爱好听豫剧，都爱吃面食，都离不开胡辣汤。

按家乡人民饮食习惯，每天早起必喝碗胡辣汤，吃两根油条当早餐。若一天不吃，就像丢了魂儿，身上没力气，懒洋洋地什么都不愿意干。

胡辣汤可真是美味！美得叫人想不起其他食物。

有人说，不就是一碗汤吗？有必要如此大惊小怪，这般小题大作？

仁兄，可别小瞧这一碗黑乎乎的汤，它外表朴实无华，看颜色甚至不叫人亲近，但其内容着实配得上“丰富多彩”这个词儿：粉条、花生米、面筋、肉丝儿、豆腐丝儿、海带丝儿……平时完全不搭调的各种食材，因为这碗汤的召唤而建立起关系来，却出奇地和谐，味道也变得特别。

热腾腾的胡辣汤里，有软的，有Q的，有需要嚼的，有只需吸溜的，不同口感在嘴里交集，造就口腔中的千变万化。捞稠，喝稀，当真是快意无比。

胡辣汤中大量使用胡椒，便有股子辣味儿，特别提劲，如果爱吃酸，一定多放些山西香醋，酸酸辣辣，才是胡辣汤的最佳形态。胡辣汤要趁热喝，喝时一定发出“呼呼啦啦”的声音。

一碗喝完，肚里暖意荡漾，鼻尖上沁出汗珠，才说明真的喝爽了。

儿时，但凡小孩随家长赶集，到集市上第一件事，便是闹着喝胡辣汤吃油条，否则再不肯多走半步。胡辣汤是平民食物，价格便宜，家长当然应允。那会儿的集市上，到处都是胡辣汤摊儿，跟老板打声招呼，小桌子前坐下，只需要一分钟，一碗热乎乎的胡辣汤，两根刚出锅的酥脆油条就摆到了桌上。

猛闻下那味道，香气叫人受不住，口水止不住往下流。赶紧咬一口油条，喝一口汤，被烫得“吱吱哇哇”乱叫，才发现那汤实在太热了。用嘴吹吹，待它稍凉，继续喝下一口。等到喝完这碗胡辣汤，全身暖和得像自备了个小炉子，精气神儿“唰”地一下就上来了，走多远路都不觉得累。

待去县城读了高中，喝胡辣汤更为方便。每周六一大早，叫醒贪床的同学，到大街上找早点铺子，家家都有胡辣汤出售，鲁西南人民就好这口儿。彼时系90年代中期，偏僻小县城里的物价是你想象不到的便宜，一碗胡辣汤五毛，一根油条五毛，咸菜丝儿免费提供……七八个人坐在小马扎上，围个圈儿吃油条喝胡辣汤，有说有笑。吃饱喝足，高高兴兴回学校，接着睡他个回笼觉。

鲁西南的胡辣汤，是河南胡辣汤的改良版，胡椒相对少，盐却放得多，山东人口味重，好咸，在那汤里又特别增加了本地的面筋，没有花生米，味道却比河南的一点不差。

大学毕业去济南上班，发现泉城人民亦有早餐喝胡辣汤的传统。但济南的胡辣汤，居然也敢叫胡辣汤：汤色白，食材少，味道也不纯正，喝来喝去，总喝不出记忆里胡辣汤的感觉。我仔细想，这事也不怪济南人民，系地域差异造成，鲁西南离中原近，所以更接近正宗，济南离河南远，做汤的师傅便会根据本地人口味进行调整，三调两调，差异也就出来了……这大约便是晏子所云的“淮南为橘，淮北为枳”。

2012年到西安旅行，和朋友特地跑到回民街上，喝当地盛行的牛肉丸胡辣汤——许多游客去西安必吃的早餐项目之一。

满满的一大锅汤，摆在门口，热气腾腾，香气扑鼻。但看汤中漂浮着许多蔬菜碎叶，与碎叶挤在一起的，是层密密麻麻漂在汤里的牛肉丸，一看一闻，就很勾引胃口，口水涌上来，在嘴里打转转。心下焦急，赶紧交钱、排队、领汤。

负责料理肉丸胡辣汤的回民大叔，麻利地拿起一只碗，先舀上一勺汤，再舀上数粒牛肉丸，递给排队食客，反复如此，一早上卖出去一大锅。那一锅，我看少说也有二百碗。

从没有吃过那么Q的牛肉丸，小小一粒，却是无敌筋道，咬在嘴里，有弹牙效果。

胡辣汤本是平民早餐，是普通劳动人民的大众食品，加了肉丸后，性质俨然已经不同。我称牛肉丸胡辣汤是“豪华版胡辣汤”或“升级版胡辣汤”，与鲁西南平实的胡辣汤相比，有牛肉丸的胡辣汤，那才叫“奢侈豪华”。

某日看微博，有人质疑胡辣汤的名称之由来，以为应该唤作“呼啦汤”，博主去了趟河南，看到当地人喝胡辣汤，全是“呼呼啦啦”的声音，异常动听。我以为，这意见也合理，可以采纳，“中原大地寻常见，听取呼啦一片”。

劳动人民喝个汤，也这么朴实有趣，充满音乐的节奏感。

想起读大学时到洛阳玩，去小吃街觅早餐，但见每张大八仙桌子上，围坐了差不多十个人，每人都捧着碗，低头猛喝，呼呼啦啦，此起彼伏，那种吃早餐的认真劲儿感染了我，觉得这城市太有生活气息。

写到这儿，立马犯了饿，本着自虐的精神，又跑去网上搜了下某宝，居然有各种口味的方便胡辣汤出售。

什么也别说了，赶紧下单。

扫描二维码，可收听本文

人生好寂寞，幸亏有大排档

春末，盼望着夏天快来的，心急得一塌糊涂的，莫过于吃货了吧?

夏天迟迟不至，他们又会在心底安慰自己：春天已经来了，夏天还会远吗?轻轻地，轻轻地，大排档的脚步已经近了。

吃货们恨恨地呼唤：“花生、毛豆、啤酒、小龙虾、烤肉串……你们在哪里啊?你们都还好吗?”然后幻想自己身在炎夏，趿拖鞋，穿短裤，三五好友，大排档围坐一桌，边聊边喝……沉醉不知归路——大排档上市之前，YY一把也是好的。

在每个优秀吃货的心底某处，一定隐藏着若干个好吃且记忆深刻的大排档……每当夜深人静，腹内空虚，它们便从脑海里不经意地蹦出来，诱惑你，勾引你，让你魂牵梦绕，口水流干。恨不得马上订张机票，飞到它身边，来一次久别重逢的温存。

说说那些潜藏在我心底的大排档。

在济南时，我住朝山街。傍晚时分，太阳未及落下，街口的几家排档摊位已经迫不及待地架起来，待摆放停当，马上投入工作，但见油烟升腾，“刺啦刺啦”的幸福生活徐徐拉开大幕。

那会儿刚毕业，单身同事多，随便叫上三五个，大家团团围坐，幸福感直线上升。摊位上只有小马扎、塑料桌，条件简陋，但胜在吃食丰富：各式肉串，冷热小菜，主食副食，荤素齐全，大排档必备之拍黄瓜、小龙虾、毛豆、花生必不可少，黑趵（济南本土啤酒）、青啤、散扎一应俱全。若嫌这家菜品不够，想吃得更丰盛，还可去隔壁家寻菜，一块儿点好，让服务员端过来，到时分别付钱就是。

山东人实诚，分多量大，花不几个钱，便吃得丰饶。

印象中最深的主食是“炒饼丝儿”，五块钱的素炒，上面还盖个鸡蛋饼，六块钱的荤炒，好多肉丝儿，那满满一大盘，足够两人吃。老板舍得下油，喷喷香叫人不忍松箸。有时候一人下班晚了，我也会跑过去，就要一盘“炒饼丝儿”，来一杯扎啤，亦吃得心满意足，抹抹嘴回家，一晚上都是好梦。

那阵儿济南流行喝“黑趵”，同事们仗着年轻，四五个小伙至少要两箱，就放桌子边，一瓶接一瓶吹，喝到后半夜，开始说酒话，瞎吵吵，煽情，讲故事，聊姑娘，谈奇闻逸事，酒到深处，最易动情，常看到一些感性的小伙子抱头痛哭。

有次，几个兄弟喝了个通宵，喝干人家整整一桶扎啤。不知道到底喝了多少杯，反正是厕所跑了十来次。差不多每隔一小时，便集体去撒尿，撒尿时还搂着肩膀，吹嘘、励志、装×，我脸色通红，对合子表白：“哥，甭说别的，你就是我亲兄弟。但凡用得着我的，您开口便是。”

合子微笑着拍我肩膀，比出胜利的手势：“耶！”

济南最热闹的大排档，在回民小区，那一长溜烤肉摊位，足足摆满整条街，游走在这个巨大的排档里，烤肉的香味不停地往鼻子里钻，灯火通明，人头攒动，烟雾缭绕，喧闹嘈杂……那份热烈，是属于普通百姓的狂欢，是全济南最动人的风景。

看服务员举着肉串在人群中忙碌穿行，看漂亮妹子穿短裙露美背喝得爽快，看全家人齐齐出动一起狂啃大梁骨，总有一种感动萦绕心头：这才是又美好又世俗的人生啊！

后来和烟台姑娘恋了爱，女娃儿系优质吃货一枚，有丰满腰身为证。那阵儿，我常从济南坐火车到烟台“联络感情”，每次见面，必带我寻本地美味。胶东人民太豪气，吃几次排档后感受着实深刻：大盘子大碗装大海螺，一根大棒骨恨不得剔下半斤肉，烤串居然有五花肉，那肉粒子跟枣一般大！

我一边喝着烟台啤酒一边感慨：找媳妇就得找胶东媳妇。只是……后来我俩分了手，再不联系，再无一起吃大排档的机会。

到厦门工作后，对大排档的理解更深一层。与北方的排档比，南方更丰盛，更细致，味道有更多层次感。

不管我当时所在的集美，还是厦门本岛，大排档遍地皆是，随便到哪儿，皆可以放开肚皮一吃为快。厦门排档以海鲜为主，花蛤、竹蛏、海瓜子、鱼类、蟹类、炒米粉、烤虾、鱿鱼、土笋冻……数不尽数。

每每吃到捧着肚皮回来。

初到集美，人地两生，无处可去，无友可聊，一个人在寂寞里独自煎熬。每天下班后，受不了炎热，便去石鼓路附近的大排档，那儿有数不清的汕头卤味，正宗至极，可口之至，好吃到无法言说。简单点两三种，再来瓶“大白鲨”，默默啜饮。

半个月后，与朴实可爱的漳州小伙蔡郑平混熟，便拉他一起吃大排档。一喝到夜深微醺，小蔡就一脸认真地问我：“哥，可否教我谈个恋爱？”彼时，他正在追求一位龙岩姑娘。我纸上谈兵，帮他制定许多方案，其中多与孙子兵法结合，欲擒故纵、以逸待劳之类。小蔡听得入神：“哥，真棒，我一样一样试。”他真诚的眼神叫我感动。

印象最深刻之排档，在重庆和南京两地。

某年到重庆，待了十天，吃了十天，重庆人民热情好客，争相带我去五星酒店品各种大餐，遂批评他们：“美味必在民间，尔等请吾食大餐而拒排档，何所为哉？”

老千便带我去杨家坪，在露天的马路两旁，一口气吃了好多家排档，兔头自不必说，串串香非吃不可，红油抄手更要收入腹中……吃得天昏地暗，好不快意；BOSS老黄带我到南山吃火锅，数家店连成一片，香辣气息在山头上空弥漫；强仔带我去泉水鸡一条街，啖泉水鸡，闻桂花香，品野菜数种，端的是长了见识。

2012年去南京见许老师，住新街口附近的酒店，半夜里肚子闹意见，拉许老师跑下楼吃东西，但看酒店旁那条小巷的阵势，人山人海，热气弥漫，香味乱窜，和许老师点了牛肉锅贴、鸭血粉丝汤、爆炒田螺等一堆美味，吃到凌晨三点，结账时又让我惊掉下巴，总共花不到一百块。待回到北京，便发现有家餐馆新开张，名字就叫“南京大牌档”。

我常常想，人生如此寂寞，幸亏有大排档——是谁这么牛，有此伟大创意——可以让我们在寡淡乏味的生活里，和朋友一起，吃吃肉，喝喝酒，聊聊理想，说说未来——大排档不只是吃东西，它还是我们沟通的渠道，交流的平台。

周国平说：“孤独是人的宿命，爱和友谊不能把它根除，但可以将它抚慰。”大排档在某种程度上，是爱，是友谊。

此时不撸待何时

撸Sir的一生应该这样度过：当他回首往事的时候，他不会因为撸少了串而悔恨，也不会因为撸得太多而羞耻；这样，在临死的时候，他就能够说："我的整个生命和全部精力，都已经献给世界上最幸福的事业——为人类的美味而斗争。"

人生难得几回撸，此时不撸待何时。

炎热盛夏，花生、毛豆、麻小、啤酒，样样不可缺少，若再来条烤鱼那算雪中送炭，如果烤上一百个串，才算是锦上添花。

有人说，切勿吹牛，多大的胃可以吃掉一百串？

别不信，刚到济南工作那会儿，常与三五好友到回民小区撸串，每人一百串起，在烟火缭绕的空气中，在啤酒纷飞的泡沫里，吹着牛撸着串，一百串轻松搞定。

当然，那会儿串儿小，每串三毛，我亲眼见有人干掉二百串。

到了厦门，热切地怀念起济南的串儿，便趁着周末，四处寻摸，死活找不到个烤肉串的摊儿，感觉像丢了魂一般。闽南人少吃羊肉，却有好多海鲜大排档——海鲜固然过瘾，但总没有撸串来得爽——用牙咬住，用手扯扦子，留下满嘴肉——辣么生猛，辣么直接，辣么叫人向往。

到北京后，方才重操撸串旧业。

以我的经验，愈是老旧的小区，愈平民的地方，愈是撸串发达兴旺之地。房前屋后，但凡有片空地儿，都可以支个摊位，烤将起来。六七十桌不嫌多，三五桌不觉少，小马扎一坐，随时随地撸得欢快。

撸串要露天才好。如有习习凉风，那是天降快意；若是无风可刮，亦可以光着膀子，喝杯新鲜凉扎降温。

各地撸串，皆要有本地啤酒为伴，西安人喜饮宝鸡，济南人爱喝黑趵，厦门人热爱大白鲨，北京则流行燕京、青岛和雪花，全国各地的啤酒味道各有差异，当然要尝上一尝。眼下稍大的串店里，多有自酿的黑啤提供，比之普通啤酒，味道更为浓郁紧致。喝啤酒讲究泡沫丰富，大口豪饮，当那微微的苦、清淡的麦芽香，与饥渴的舌尖相遇，一场激情戏码随即展开，想不舒服都难。

后来，撸串事业大发展，可撸品类日益增多，除传统的肉串、肉筋、板筋、大肥腰等少数几种，又发展出鸡皮、火腿肠、扇贝、生蚝、牛蛙、毛肚、猪蹄……真个应有尽有，眼花缭乱。能烤的不只是肉，许多蔬菜也一改以往只能被炒的命运，加入到烧烤的大家庭，韭菜、茄子、土豆、玉米等，无一不入烤界。

要想撸得过瘾，还得去新疆馆子。北京街头遍布新疆餐厅，菜品水平参差不齐，但烤肉大都不算太差。曾到朝内的新疆餐厅吃过一米长的肉串，把洒家惊到无话可说，仅那一串肉就把我撑到半死。

最近喜欢去大望路上的阿达西和牡丹园的巴依老爷，这两家串儿都不赖，大肉粒子肥厚滴油，咬在嘴里既充实又饱满，香且解馋。吃烤串嫌不过瘾，干脆来只羊腿抱怀里啃——那才是西北汉子豪爽的终极标志。

撸串儿不给力？那直接撸肉啊——北京满是异域风情烤肉——系食肉动物不能错过的好地儿。

韩式烤肉最多，多到数不清，以汉拿山最闻名，倒不是因为它家最好，实在是开得久，店又多。我吃过的数家中，潘家园地铁口那家最赞，肉质之鲜美之醇厚，远超它处。最爱五花肉片，烤出一层油来，咬下去整个嘴巴都润得不成样子。韩式烤肉之优点和长处，在于随吃随烤，自己动手。看一片片生肉在炭火上加热，慢慢萎缩，冒着白气，嗞嗞地往外冒油，变熟，蘸料，吃下，整个过程都享受。食客不仅是消费者，也是大厨，吃多吃少，烤嫩烤老，一切全在自己掌握。

我独不喜韩式烤肉的料汁，大约是放了糖的原因，口感稍甜；却喜欢其用蔬菜叶子包肉的吃法，清新解腻。除了肉，一般韩式烤肉店里都有冷面和拌饭提供，若是夏天去，食一碗冷面可消暑解渴；若是冬天去，吃一锅拌饭可暖和身子。

巴西烤肉亦为我喜，最爱西单民族文化宫对面那家，开在一个四合院里，是中巴合资项目，巴西总统来华，必去此处大快朵颐，只可惜后来不知搬到哪里去了。它家的牛舌、牛肩峰、烤肠都属一流，最赞的是有各式新鲜水果供应。巴西烤肉一般为自助，很多人都吃得直不起腰来。

巴西人酷爱牛肉，各种食用方法中，以烤最能代表其热情和奔放的个性。早在18世纪末，巴西牛仔闲暇时经常以长剑串肉，在篝火上烧烤，这种粗犷的吃法一直流传今——只不过长剑换成了铁扦子。这世界上，大概再没有一个国家的人民比巴西人民更喜欢烤肉了，他们甚至将烤肉奉为国宴。

巴西人天生热情，吃肉也够豪放。他们喜食原味，少加调料，将大块的肉串在扦子上，置于火上，撒粗盐，让盐粒融化渗透，肉熟之时，拍去盐粒，再来切割食用。或是因为烤肉吃太多的缘故，才造就了那么多足球明星和吉赛尔·邦辰的美好肉体吧？看他们在绿茵场、T台上奔跑或者行走，总有些别样的性感和韵味。

眼下的大中城市，韩式烤肉和巴西烤肉是主流，其他国家的烤肉似乎占不了显眼位置，却也值得一试，比如精细的日式烤肉，讲究自然风味的土耳其烤肉，先腌后烤的东南亚沙嗲烤串、西班牙的烤乳猪，等等。

尽管烤制方法不尽相同，但各国人民对烤肉的爱，终究是相通的。

爽爽贵阳吃爽爽

突然有个机会，就去了贵阳。听说肥肠好吃，就吃了肥肠。

呼吸过这城的空气，领略过这城的悠闲，尝过这城的美食……故作深刻地下个结论：此地最是宜居。夏天不热，冬天亦不太冷，山清水秀，美食遍布……物价甚低，人最朴实，符合这些条件的地方，当然是“爽爽的贵阳”。

旁边的李兄笑不可抑：这鬼都知道的啊。

距上次来贵阳已有七年。

彼时吾友魏星儿在贵大读研，便住学校的宾馆。贵大依山而建，高低起伏，郁郁葱葱，堪称中国最美校园之一。

学校里有好吃的酸汤鱼，露天的摊位，简易小桌椅，一切那么不起眼，唯有味道巨赞：汤叫那个酸，酸得牙根儿都软了；鱼肉叫那个嫩，嫩得就如春天刚冒头的树芽儿……整顿饭光顾低着头吃，没来得及说句话。吃完之后，全身向外冒热气，人还沉浸在那股酸爽当中：美好的时光不多，快让我记住这一刻。

闲来去“悦读时光”小坐、闲谈，那个温暖的咖啡馆，是贵阳的人文地标之一，其实就在贵大餐厅的楼上一角。

魏星儿带我坐很久的公车，到市里吃“丝娃娃”。不起眼的小门脸，老板操着并不难听懂的贵州话。坐下，像吃烤鸭一般，拿起面饼儿铺开，将几十款小碟里的菜丝儿，拣喜欢的放进来，卷起，一口咬下，各种脆生生的菜在嘴里交汇出复杂的味道。“丝娃娃”便宜，吃半天也不过十几块钱。

这次住南明河边的翠微巷，巷子口各种小门脸儿。拿到房间钥匙，赶紧放下行李，跑步下楼，为的是一碗肠旺面，随便去家无名小馆，仅容几张桌，却干净，招呼老板一声，三分钟就上来热腾腾一碗面，红的油、白的肠、红的旺（旺即是血）、黄的面，看着就有食欲，老板说，好面就要趁热吃，“呼哧呼哧”四分钟吃完，在心底暗叫了一声美，这才算安抚好咕咕直叫的肚子。

中午和晚上参加商务宴请，都是当地人请客，去的也都是中规中矩的饭店。惹俺心底直抱怨请客的那位仁兄，如果去吃那些街头的苍蝇馆子有多惬意？夜里到底是憋不住，还是想要吃，既然来贵阳，哪好意思不吃爽。看巷子口有个摊儿，专烤手撕豆腐。恰好天上正飘着小雨丝，叫我如何不手撕？

和李兄来了兴致，搬了塑料凳子坐下，静静地看师傅烤豆腐，但见师傅慢条斯理，拿双筷子认真伺候，小方块的豆腐在炭火炙烤下，慢慢起变化，鼓起一个又一个泡儿，师傅用筷子一个一个翻，几个来回，熟了，放到炉边，说可以吃了。

蘸着当地的辣椒面儿吃，哇噻！那口感简直了！

香！辣！咸！再来瓶冰镇啤酒，直接爽翻。我旁边的两个小伙儿，吃得更大方，直接用手拿着豆腐吃，我心里还暗笑这俩哥们儿这般不讲卫生。再看一眼招牌突然明白过来，手撕豆腐就应该手撕啊！赶紧丢掉筷子，撕将起来。

第二天一大早，自驾直奔三都。三都距贵阳175公里，是中国唯一的水族自治县，水族是个神奇的民族，古风遗韵，历史悠久，其远祖是古代“百越”的一支。一路之上，阅尽十万大山，青翠绵延，云雾升腾，犹如仙境一般。山间偶然可见水族民居，全是灰青色砖房，屋脊廊檐刷成洁白，在湛蓝的天空之下，灰青与洁白交织的房子十分惹眼，陪同的朋友介绍，房上有鱼的雕塑，水族崇鱼，视其为图腾。这些民族风格的特色建筑，因深在大山，保存得十分完整。

三都是个平静的小县城。空气清新，市容整洁，高楼无多，但即便普通建筑亦排列有序，甚是规矩，沿着马路走上一段，不小心便爬到楼后的山上去了。住惯了大平原，对这地方是发自内心喜欢。临街的许多墙体上，大多写着水书文字，向几个当地人问询含义，皆茫然以对。

时值中午，当地朋友带我们去吃城东的“土牛馆”。

先上来一锅牛肉，上面放了厚厚一层香茅叶，放在电磁炉上加热，五六分钟便“刺刺啦啦”地沸腾起来，香辣之气随之浓郁，弄得整个包间都是，抓起筷子品尝，那个鲜香啊，肥美啊，汁浓肉厚啊。众人纷纷赞叹，言此顿系一年来最美之午餐。

边吃牛肉，边放菜叶子到锅里，香芹、宽叶韭菜以及几种叫不上名字的青菜，稍等片刻便可入口，哎，人家这菜叶子怎么也这般好吃！当地朋友说，这边的农家贫困，多数施不起农药，上不起化肥——种出来的菜皆天然本真之味，比有机更有机。

牛肉锅之外，又点数道菜，皆好吃无比，可口耐嚼的牛干巴，清淡宜人的苦瓜炒鸡蛋，就连其中一道普通的汤也被大家喝个精光。

饭菜好吃，众人对店家起了兴趣，便唤来老板和老板娘，询问菜的做法，了解餐馆经营情况，甚至还有人提出与店主合作的设想……老板娘是水族妹子，长得漂亮，不施粉黛，却泼辣豪爽，与一众男人饮酒，连干数杯面不改色。要说说人家这名曰“九阡酒”的米酒，用百余种中药浸泡，端杯细品，微甜，淡淡的中药味，喝时感觉没啥劲儿，连饮数杯竟有些上瘾。哪想这酒后劲儿大，两三个小时之后，终于发挥威力，席中五六人竟有三个醉倒。

三都这顿饭吃得美，拖得久，再回到贵阳已是华灯初上。李兄提议，今儿不吃大餐，好好品一碗正宗的贵阳肠旺粉。恰好住处附近有家“鸡肠王素粉王”，便毫不犹豫进去，我另加豆腐，李兄则加鸡丁。

这家“始于民国”的老店果真不是盖的。那粉儿极为嫩滑，肠则软中带Q，汤鲜红鲜红的，吃一口粉，就一块肠，喝一口汤，真是舒爽。

吃完这一碗粉，食欲被彻底燃起来，怎甘心就此回酒店？便就近找家路边摊坐下，再与“手撕豆腐”晤面，前一次撕得不过瘾，今儿接着撕。摊主是年轻小夫妻，热情周到，腼腆可爱，特别是老板娘，一说话脸就变通红。

吃豆腐，饮习酒，吹着贵阳爽爽的晚风，顿觉眼前迷离，不像是真实的生活。

这家的手撕豆腐好吃程度，胜出前晚那家六七倍，炙烤后膨胀的豆腐，蘸上这倍儿辣的辣椒面，立马像被施了魔法，好吃得让人想哭。他家不只烤豆腐，还可以烤各种蔬菜，印象最深是烤茄子。烤茄子在北京也吃过很多次，终不得要领，总归是不好吃。而这家小摊上的烤茄子，茄肉的汁水完全被逼出来，在上面撒层葱花，茄香与葱香相搭，再蘸点辣椒面儿，连最近失了味觉的李兄都觉得特别好吃！

吃完这顿，依依不舍，无奈腹中再无半点儿空地，只好打包带了一只肥胖的土豆回酒店，当作凌晨的宵夜。

第三天早上，直奔前一天瞅准的湖南米粉店。虽然已经十点，门口还是排了长长的队，没有半点犹豫，果断地站到队尾。为了一碗美味，付出点时间是理所应当。

半小时后终于轮到我，点碗粉，加个猪蹄。这是我第一次吃湖南粉。于我而言，粉不太筋道，也不算嫩滑，汤头确实不错，猪蹄儿算好吃。

一边吃粉，一边在喧闹里看《贵阳日报》，仿佛已尽得本地日常生活之美好。

火火火火锅

身为火锅症候群的重度患者，无法不热爱重庆啊！

2007年跑到重庆待了整十天，真真过足火锅瘾。到解放碑附近的防空洞里吃，到南岸区的山上吃，到杨家坪的商业街上吃……有重庆土著老黄指引，每一家都吃得热火朝天，喝得四仰八叉，幸福得手舞足蹈。

论印象深刻，当然是猪圈火锅的那一顿：店在山上，依山势摆了桌子，桌旁是棵果实累累的枇杷树，二十余人围坐，吹山风，吃火锅，饮啤酒，那种幸福地赶脚，比得上孙悟空闯进蟠桃会，比得上贾宝玉约会林妹妹。

喝得多了，顺手摘几个枇杷果子吃，似有解酒之功效。然后傻乎乎地对着群山吼："我——好——幸——福！"余音回荡，久久不绝。

回北京逢人就讲，如果北京也有猪圈火锅该多赞！便有人马上反驳，北京不是有海底捞嘛！立刻哑然，然后啧啧，接着慨叹："世界上的火锅分两种，一种是火锅，一种是重庆火锅！"海底捞当然不算太差，但跟猪圈是不沾边的两码事。

等了许多年，猪圈也没来北京，但还是有许多优秀的重庆火锅争先恐后地开到北京，我等吃货有福，终于可以吃到与重庆水准相差无几的火锅。比如北新桥的老灶，现在叫井格，店面按照重庆的洞子设计，空间狭长溜窄，房顶呈弧形，糙劲儿十足的水泥台子，宽得没边的大长板凳。一看那正经阵势，就知道味道差不到哪儿

火锅是码头文化和平民文化之象征，又夹杂着浓郁的江湖风格——它大开大阖，直接生猛，本真率性，随意洒脱，没有那么多条条框框，没有那么多规则束缚，最重要是吃得开心过瘾。

独家食谱之蒙山光棍鸡

主料：农家小公鸡

辅料：花椒、干红椒、青红椒、葱、姜、蒜、八角、桂皮、小茴香、食用油、料酒、老抽、糖、盐

1. 鸡洗净斩件。

2. 葱、姜、蒜切片。

3. 青红椒切块。

4. 锅内加水煮沸，倒入鸡块，热水焯一下，去除腥味。

5. 炒锅内倒入适量食用油，爆香蒜、姜、葱、干红椒、八角。

6. 锅内下鸡块炒至全部变色。

7. 待鸡块水分快干时淋入料酒、老抽、糖，炒匀上色，并放入花椒、桂皮、小茴香。

8. 添适量热水（如有高汤更好），中火炖15分钟。

9. 鸡块快熟时加盐，撒入青红椒块，略收汤，出锅。

去。待九宫格的锅底端上来，麻辣味儿扑面而来，异常凶猛，爱辣的人喜不自禁，不受辣的人咳嗽不止。

和老灶一相逢，便胜却人间无数——立马钟意它，爱上它，但凡有空，就去吃它，到现在，足有十年了吧。

跟着老黄吃多了重庆火锅，感觉自己慢慢变成了重庆人，爱上那一锅老红汤，爱上香油小料，爱上了鸭肠猪脑和各路下水，爱上了那种淋漓尽致的快意。

老黄说，重庆火锅这种伟大的美食，系嘉陵江边的纤夫发明——拉纤是体力活，又累又饿，常常要补充能量，又须节省时间——火锅便应运而生，它营养丰盛，进食简单——随便一涮即可入口。穷人吃不起肉，那就多涮下水和青菜。两江交汇处的朝天门，则又为火锅提供了食材之便——朝天门原本是回民屠宰牲口之地，回民只要牛的肉、骨、皮，内脏就舍弃了，纤夫们将其捡了，扔进锅里煮食。

火锅是码头文化和平民文化之象征，又夹杂着浓郁的江湖风格——它大开大阖，直接生猛，本真率性，随意洒脱，没有那么多条条框框，没有那么多规则束缚，最重要是吃得开心过瘾。

后来老黄离京回渝，过上了天天吃火锅的美好生活。他每年还是会找由头来京，总要呼朋唤友再去吃老灶——我们仍不习惯叫它的新名。

“黄门”亦深得我心，在三环的百子湾路口，口味上乘，上次和旭旭同去，恰好没有两人位，服务员安排我俩一个十人大包间——两人面对面，隔着一张巨大的八仙桌，热火朝天地吃，锅底沸腾，汤汁都溅出来，不闻不顾，低头猛吃。

重庆火锅那么香，那么辣，那么决绝，简直没有回旋余地——重庆本属南方，气质上却这般豪气——就像黄门火锅的老板黄珂，著名的黄门流水宴主人，每日在望京家里设宴待客，三教九流，各行各业，认识的不认识的，只要坐下来，都成了座上客，只管吃来。我身边的朋友，好多都去吃过，一个劲儿地赞叹此君豪气——流水席开了十几年，到他家吃饭的人过十万，就凭这个数字，早破吉尼斯纪录了吧。

到黄家吃饭的人，社会名流与贩夫走卒杂处，主人一律不问出处，平等视之，男女老少，高低贵贱，“坐同一张桌子，吃同样的菜肴，聊同样的话题，吸同样的二手烟”——黄珂用流水宴营造了一个现代江湖：人们无所顾忌地吃饭喝酒，尽情喧闹，然后离去，谁也不知谁的归途。

上周遇到老友，被她拉去钟楼那边，问干吗，神秘兮兮说，吃大虎！

啊呀，虎狼凶猛，何必跟它过不去？细问之下，才知“大虎”是一家重庆火锅，我立马来了兴致：“好好好，陪你天翻地覆！”

大虎是一家新开的火锅店，装修新潮，简洁明快，一反传统重庆火锅店之脏乱差特色，门脸儿不大，进去却别有洞天。

那锅底红得黑亮，菜量不大，用小碗装，却甚精致，豆腐像豆腐，青菜像青菜，肉的色泽明亮鲜艳，新鲜度确值一赞。涮将起来，却发现不比老灶和黄门差，基本在一个档次！

哎哟，吃饱喝足，一数，我俩共干掉了十二个小碗的菜！

当然，好吃的重庆火锅不只这些，另有神仙、董家湾、壹圣元、大德、老德胜等均值一荐。

边吃边走

上一次回西安，是我与这个城市暌违十二年之后的重逢。

逛城墙，看钟楼，泡酒吧，夜游母校，去回民街品尝小吃，一切熟悉又陌生。那几天，脑海里总泛起莫名的旋律，仔细想了很久，才发现是许巍的歌：“我思念的城市已是黄昏，为何我总对你一往情深，曾经给我快乐，也给我创伤，曾经给我希望，也给我绝望……”我比许巍幸运，这座城只给过我快乐和希望，没有创伤和绝望——那么多可口美食，哪有工夫绝望。

踅进西安娃旭旭推荐的“马三家”，要一碗羊肉泡馍，香喷喷地吃，幸福感涌进胃里——对西安的思念终于得到舒解。

当年读书时，泡馍乃打牙祭之对象，平时不敢轻易吃。穷学生，省钱花，只有遇重大节假日，或者老乡聚会，才去长延堡的“老白家”美美地撮一顿。

入学不久，与山东老乡周发军、何立国约定，吾等三人，谁要过了四级或六级，均要请吃泡馍，以示庆贺。

四年吃下来，泡馍已成为身体里的一部分。

我就想，所以如此深爱泡馍，倒不只是泡馍美味，而是因为它是记忆的某种载体，是情绪深处的某种寄托。爱一个城市，无非是喜欢过那里的人，走过那里的路，爱过那里的食物——那些食物深深地融进了我们的身体和记忆。

比如我到厦门去，就彻底爱上了土笋冻。

某天和同事Fenny在大街上散步，她手指向路边摊：“来，吃碗土笋冻。”

只见店主从盆里盛出一小碗胶状物，利索地放入各种作料，稍加搅拌即成。尝一口，冰冰凉凉，爽口弹牙，忍不住连说“好吃好吃”。

Fenny说，土笋冻是用海里的小虫子熬制而成的，细细观察才发觉，透明的胶质里，果然满是小虫的完整“尸体”！

热心网友橙橙下定决心要带我吃遍厦门，我说这计划太宏大太难执行，吃最有特色的就好。最终我们选定到中山路完成这趟饕餮之旅：附近的许多本地小吃，一家家尝过来，撑到肚子再无地方。

临分别，橙橙送我一份厦门地图，希望我在这个城市过得开心快乐。

从此对厦门人印象超级好。

那天和橙橙一起尝过的美味，大都忘掉，只记住了“黄则和花生汤”，怎么就那么甜！甜到发腻，腻得却又不叫人讨厌，一喝就喜欢。

土笋冻和花生汤，是我对厦门的全部记忆。大多数人只留恋厦门的美景，我最钟情的却是当地小吃。

不久便辞了职，从厦门来到北京，某友邀我参加餐厅开业，到地方才发现是家厦门风味小馆，且有正宗的土笋冻可吃，惊喜之余，特地为自己多点一份。只可惜没有花生汤供我温习那让人起腻的香甜。

别人推荐的美食，抑或旅行指南里介绍的美食，都可以省去寻觅的时间，少走弯路，但自己偶遇的美食，才真叫人欣喜。

某年秋天，跑到天津闲逛，没目的没方向，就凭着感觉胡乱走。拐进一条热闹的小胡同时，看见一位老大爷推着摊贩车卖卤味，香气老远就闻得见。上前细观，那各种肉，色泽深红，闪闪诱人，立时口水要流出来，便买了一块猪头肉，一张卤肉皮，几根鸭脖。到隔壁的小面馆要了碗热腾腾的面，就着卤味，大快朵颐。

之后去天津多次，再去寻小胡同和这大爷，却再也不见，怅怅然。

2008年夏去上海出差，住陕西北路，早上起来和俩同事吃早餐，没看见什么早餐馆，只好随便寻间小馆子进去，点十几只生煎，每人一碗牛肉粉丝汤。

哎呀，好吃！那生煎香味浓郁，个大馅美，汤汁都要流出来；牛肉汤虽是简单，倒也美味，咸咸鲜鲜，和生煎搭配，算是一绝。

连着好几天都在那家餐馆吃早餐。后来才从电视上得知，这店便是著名的小杨生煎。

超级炒鸡

在西安读大学时，吃得最多的，一是泡馍，一是大盘鸡。“香香”和“天山”是食鸡圣地，这两家专售大盘鸡的餐厅，于陕师大、西安外院和我大西北政法学子中享有盛誉。在南郊读书，没吃过这两家大盘鸡，就像一场严重的耻辱。

2012年秋，与小木头、孔老师去西安旅游，我抱着试试的心情，带她们去寻“香香大盘鸡”，毕竟已经多年，谁知道还在不在？当抬头看见招牌，那一刻端的惊喜：就像在街角的咖啡店偶遇初恋，就像在雨中的公交站邂逅高圆圆——而且她冲你微微一笑，问你要不要一起撑她这把伞。

先前的小餐厅早已鸟枪换炮，搬到了宽阔的楼上，而且，已开了七家分店！关键是，12年之后，价格只涨了23块！

来北京之后，吃过不少大盘鸡，均达不到“香香大盘鸡”的水准——不够香，亦不够辣，土豆和鸡肉完全分离。七八年后，铁鞋踏破，终于找一家算不错——大望路上的阿达西，它家的大盘鸡与香香不相上下，而且，还有进化版——大盘鱼。

好吃的炒鸡不只大盘鸡，还有源于沂蒙的光棍鸡。光棍鸡开在济南青年东路上，餐厅装修成一个木制的大鸡窝形状，每次看了都想笑！餐厅的服务员，清一色未恋爱的单身男青年，留板寸，白衬衣，倍儿精神，那小模样儿简直是公鸡中的战斗鸡！

光棍鸡走的还是炒鸡的路数，与新疆大盘鸡有异曲同工之妙。大盘鸡以土豆为辅料，光棍鸡则使用青辣椒爆炒，辣椒之辣与鸡肉之香全然融为一体，炒好，盛放在大铁盆里，往桌上一摆，香味便猛扑过来。吃这家光棍鸡，一定要配临沂产的“苦瓜啤酒”，喝一杯苦啤酒，吃几块香辣鸡肉，整个人都招架不住。

炒鸡这么美味，一是因为食材，二是因为作料。光棍鸡之鸡，用的是沂蒙山的散养土鸡，而且只能是公鸡，肉质筋道，有嚼头，营养高；所用辣椒，是刚刚采摘下来的新辣椒，稍微一蔫，便无法保持脆辣口感。佐料则使用了花椒、干红椒、青红椒、葱、姜、蒜、糖、盐、八角、桂皮、小茴香、料酒、老抽……用力如此之猛，想不好吃也难。

反正吃上了瘾，有朋友去济南，一律在光棍鸡设宴。而被招待者，皆盛赞这鸡肉之美之鲜，吃完后大都怅怅然：以后吃不到这般美味的炒鸡怎么办?

离开济南后，还真应验了朋友们的怅怅然——再没有吃过光棍鸡，再没喝过“苦啤”——做梦时除外。

随手翻《随园食单》，发现袁枚也极爱吃鸡，顿有找到同好的快慰之感。

袁氏食鸡之法，竟有三十余种，大体可分为以下三类：一是纯食鸡肉，如白片鸡、生炮鸡、焦鸡、捶鸡、炒鸡片、蒸小鸡、酱鸡、鸡圆、灼八块、黄芪蒸鸡、赤炖肉鸡；二是鸡肉与其他食材配合制作菜肴，如蘑菇煨鸡、栗子炒鸡、黄芽菜炒鸡、梨炒鸡；三是鸡杂的加工处理，如鸡肝、鸡血、鸡肾等。

看这些与鸡有关的菜谱，惊讶于古人之爱吃会吃能吃。不妨录一条“梨炒鸡”放在这儿，供大家参考。

取雏鸡鸡胸肉切片，先用猪油三两熬熟，炒三四次，加麻油一瓢，芡粉、盐花、姜汁、花椒末各一茶匙，再加雪梨薄片，香蕈小块，炒三四次起锅，盛五寸盘。

面　霸

生来有颗爱面食的心。

爱吃馒头就咸菜，爱吃开水煮面条，爱吃煎饼卷大葱……无面不欢，无面不喜，那颗爱面食的心，从不随岁月的流逝而更改，从不随口味的丰富而厌倦。

任它风吹雨打，任它月圆月缺，任它时光荏苒，任它岁月倏忽，只要有一（仨）碗（馒）面（头），就是值得珍惜的幸福生活。

家乡的馒头，个儿大又白，圆圆惹人爱，咬一口，香中带着甜，甜中又夹着香，掰开馒头，夹一筷子咸菜丝儿，大口大口嚼起来，就是难得美味。儿时的冬天，凉馒头变硬，易饿的小伙伴仍啃得起劲：往馒头里夹一勺白花花的猪油，猪油上放点碎盐粒，一样口舌生津，回味无穷。现在想起，都会口水直流。

吾乡面条，比起花样繁多的西北，只能算“简单粗暴”，白开水煮透，将油盐葱花撒进去，一搅一拌，直接出锅，如果觉得颜色寡淡，当然可以放些菜叶，但鲁西南人民就是怕麻烦，多数人家连下菜叶的习惯都没有。

好在到春天，等香椿芽长出来，佐料中的葱花用香椿芽代替，可口得不像话。

家乡人都秉持着简单又执拗的生活习惯，我跟许多到南方打工的小伙伴交流，他们说，即便到了南方，也还是只吃馒头，不吃米饭，只可惜这南方馒头太难吃，软趴趴不筋道，个头又小，连吃八个还不饱。周末若有空闲，必定在家里蒸馒头，擀面条，最爱还是家乡味，蒸馒头必是戗面，吃面条必加葱花油盐，一成不变。

待考大学，我毫不犹豫地报考了西安的学校，原因无他，只为有面。

到了西安，才发现简直是走进面食博物馆，各色面食，不一而足，只有你想不到的，没有人家做不出的。我到西安，等于刘姥姥进了大观园，眼界大开不说，还着实领略了面食的精髓和风骚。

大西北才是面食的真正故乡，花样之繁多，风格之多变，叫人目不暇接，乐而忘返，一碗面吃下，精神为之一振，重新开始爱上琐碎乏味的生活——没有什么苦恼是一碗面解决不了的，如果有，再来一碗。

宽边敦厚的裤带面自不必提，一根到底的蘸水面、酸辣适中的臊子面亦无须多说，户县摆汤面、油泼扯面、乾县鸡丝面、礼泉羊肉合面都吃得我目瞪口呆！更别提这里还有我最钟意的秦镇凉皮、羊肉泡馍、葫芦头、荞面饸饹。

西安的面食本就够多，外省面食也跟着来凑热闹，新疆拉条子、山西刀削面、四川燃面都在这个城市扎了根发了芽，大家聚集在一起，好像比武似的，真个百花争妍，家家好吃。

在这城市待了四年，学业并未精进，恋爱亦不成功，旅游的地方去得不多，但咱，好歹也生生吃成了面食专家！

毕业再回大山东，味觉体验宛若过山车一般，从高潮直奔低谷，唯一叫人宽慰的是食堂的大包子，以及单位门口的海鲜疙瘩汤。刚上班的第一年，对西安面食的思念，简直是望穿秋火，想起泡馍，想起臊子面，脑海里回旋的，是那首《你怎么舍得我难过》：

对你的思念　是一天又一天，
孤单的我　还是没有改变，
美丽的梦　何时才能出现，

亲爱的你 好想再见你一面

……

上班到六个月时，终于忍不住，赶紧请了个假，坐火车直奔西安，狂吃三天。彼时在西安读研的同学何大宝十分不解："你娃这点出息！吃碗面跑来西安？有病！"

我回骂："等你瓜娃回山东，就知道我有没有病。"

结果，这娃三年后亦来济南上班，待了不到三个月，就回了趟西安。

这可真叫"五十步笑百步"。

来北京后，发现本地的特色面食亦是不少，叫得上名字叫不上名字的一大堆，但于我而言，大多数并不好吃，即便有些还过得去，却无法成为日常食物，比如驴打滚、糖火烧、绿豆糕等，炸酱面倒常吃，但做得好吃的面馆，寻了十年也只找到"海碗居"。我吃炸酱面，一要看炸酱，必须金黄颜色，酱香浓郁；二要看面条，必须根根分离，不能粘成一坨；三要看菜码儿，豆儿和萝卜丝我不吃。

好在，还有西贝莜面村，但凡需要一解对西北面食之思念，必从东四环坐车到海淀过一过嘴瘾，西贝味道算不赖，但就是吃不出西安的那个味儿。

近六七年，西北面食在京城大行其道，一家家开得生猛，从南到北，从东到西，枝繁叶茂，遍地皆是。不过，冒牌货也着实不少，"陕西面馆""黄河谣"一类，许多家只为赚钱不管特色，味道可憎，吃无可吃，甚损西北面食之名声。

偌大北京，西北面馆虽多，大多亦有泡馍出售，但要寻家正宗的、地道的、好吃到不可思议的，还真是难找。原来北京饭店后边有家同盛祥与正儿八经的西安味相差无几，但后来这店关门，再找不到可吃的地方，北三环的老孙家、南小街的秦唐府、新街口的老西安饭庄等店出品的泡馍，皆属差强人意之选项。

有段时间看《非诚勿扰》，光头主持人三天两头叨叨他的小面馆，这一叨叨不要紧，北京又出现一堆小面馆，我跑去团结湖边上的其中两家品尝，有一家号称“重庆排名前八”，味道算不赖，就是过辣，将汤味和面味完全压下去了，吃完这碗面，咳了好半天。仔细一回味，过于求辣，层次较差，吃不出面里的用心。

南方的面也着实不少，以我感受，还是北方的更好吃，主要是汤不给力，面不筋道，北方人大开大阖的做法叫我更为受用。在厦门那阵儿，去尝试吃面线，软趴趴黏塌塌，总也不明白福建人为何喜欢它。

有时心血来潮，也会自己做面。

到菜市场老王家买一斤面条，一把蔬菜，先来葱姜炝锅，再下面条，出锅前放几片菜叶子和鸡蛋，口味偏轻时，捞出来就吃；口味稍重时，就加点醋、酱油、辣椒面儿，生猛一拌，吃将开来，直吃得天翻地覆，日月无光。

完毕，真的感觉自己就是一代面霸。

到起士林，陪袁世凯喝红菜汤

与苏州传奇人物利荣君同居时，我俩常结伴去天津耍，名流茶馆听相声，滨江道上逛逛街，西开教堂里坐上半小时，五大道的酒吧泡一阵，有时看见路边的台球厅，也会钻进去打几局过过瘾。

京津两地宛若一城，高铁“嗖嗖嗖”二十多分钟就到了。

当然还要安排吃吃喝喝之节目，狗不理的包子，十八街的麻花，遍地的锅巴菜，煎饼果子一概收入腹中，真真不亦乐乎。

便有朋友在QQ上问：“有吃过起士林？”

去天津吃毛西餐啊？西餐不应该去十里洋场上海滩吗？

印象中，天津和北京一样，是道地的北方土城——深入骨髓的土，土得掉渣的土，虽然五大道和意式风情街那两个地方洋味儿十足。

盆友笑：“你娃不懂。别的不跟你说，这起士林可是中国第一家西餐厅。袁世凯过46岁生日，就在这儿摆的寿宴。”

才知道老袁这么时髦啊。从此对起士林记挂于心。

我于西餐，本不算热心，一是觉得用刀叉别扭且放不开手脚，二来认为西餐来来回回就那几样，哪如我中华菜系丰盛诱人。

记挂着起士林七八年，从不曾去吃。不料几天前，涛哥打来电话：“老陈，请你吃起士林。”涛哥明快豪爽的声音叫人感动，正应了俺心底的信条：真正的朋友，就是经常一起吃吃喝喝的朋友。有道是，吃喝出挚友，空谈毁一生。

北京的起士林在南河沿大街，北京饭店的后边，这地儿我常路过，但从无留意门脸上“起士林”三个大字。

店面儿老旧，室内光线稍暗，墙壁已经发黄，有些地方印着水渍，四处挂了些旧照片，有岁月流逝的痕迹。客人不多，服务员无聊，一边悠闲地说着悄悄话儿，一边四下张望。

等半天，菜品才一道一道上来。

奶油烤杂拌金黄好看，香气浓郁，挖一大勺，扯起很长的起丝，需别人帮忙才可以弄断。送到嘴里，顿觉整个口腔充实饱满，松软奶酪的热乎劲儿，搭着各种紧实的肠片儿，相得益彰，咀嚼，吞咽，香气从口到腹，有一气呵成的快感，奶酪太香，吃三五口最佳，再多就觉得腻歪。

罐焖牛肉也是此店招牌之一。先揭最上面那层焦脆的盖儿吃，然后再来细品牛肉，炖得够烂，大颗牛肉粒咬起来毫不费力，松软嫩滑。我怀疑，这道西餐其实借鉴了中餐的做法，罐似乎是中餐才有的容器，而焖亦是中餐常用的烹饪招式。

红菜汤这东西我喝过数次，营养虽是丰盛，但终究觉得就是一锅蔬菜乱炖而已，味道七七八八，说不上好喝，但也找不出缺点，实为普通。倒不如自己做道白菜豆腐汤，或者菠菜鸡蛋汤，我的意思是，好多菜搭在一起煮，分不出谁是谁的味儿。

那道物美价廉的甜点拿破仑亦值一试。

起士林的创始人阿尔伯特·起士林是德国人，可这家餐厅的路数却是法餐与俄餐的混搭，经过了114年的风风雨雨，它仍然顽强地存在。

我好奇的是，老袁对这家西餐厅的评价究竟如何？

下次若去天津，一定要光顾起士林。加缪说，我们对某个城市的挚爱往往是秘密的爱，这个秘密有时可能是一道菜，一家餐厅——它会让你想到某个共餐的人，让你记起某个曾经美好的瞬间——这菜、这餐厅便成了你人生里的关键词，成了你与那座城之间的桥，就像米线之于汪曾祺和昆明，烤鸭之于梁实秋和北京，豆浆店之于舒国治和台北。

酸菜猪肉炖粉条

天猛一凉，才意识到，夏天就这么结束了。

路过九龙山，脑中蹦出附近的一个东北馆子，心下念念不忘的菜，竟然是“酸菜猪肉炖粉条”，汤是冒着热气的汤，酸是香喷喷的酸掉大牙的酸，猪肉是肥肥的一颤一颤的大片子，泛着油汪汪的光，粉条子“刺溜溜”地一吸到头……哎呀，恨不得立马就点一盆。

刚来北京时结识了一群东北朋友，牡丹江的直肠妹子南南，哈尔滨的瘦高个儿大壮，沈阳铁西区的深沉哥老杨，本溪的漂亮姑娘西西……无一例外，都是豪爽的人儿，隔三岔五就和他们一起吃东北菜，喝小刀子，唠长嗑儿——听东北人天南海北扯闲篇儿，在我是一种特别的乐趣，听他们从外太空聊到行天宫，从行天宫聊到内子宫，生活琐碎，国际政治，家长里短，环境生态……天大的事儿或者屁大点事儿都能成为话题。

东北人粗犷质朴，东北菜则一脉相承，那简单做法，那大盘大碗，那食用方式，无一不透着彻彻底底的豪爽劲儿。东北人眼里揉不进沙子，东北人说话一嘟噜一串地透着急切，东北人口里是讲不了细腻的——“大快朵颐”这个词就是专门为他们发明的，东北人对食物的态度，颇有“吃你咋的”的气势——如果一小口一小口地细细品尝，一定无法感受东北菜那淋漓尽致的快意。

我之所以爱东北菜，就在它永远散发着朴实的风味，接地气，不加粉饰，张口就吃，不用讲究任何礼仪，吃个半饱，全身暖透，然后彻底放松了，打开话匣子，喝着小酒，不紧不慢地闲聊，真真是舒爽。

我经常幻想着去东北那疙瘩做客，与主人围坐在炕上座，盘起腿，一仰脖一杯高粱酒，喝得地老天荒，喝到星辰无光。

或者干脆往炕上一躺，点个大烟袋，“吧嗒吧嗒”抽一阵儿，幸福感随时爆棚。

哈尔滨汉子老李说，有机会哥带你去松花江边，随便找个小饭馆，随便来锅炖酸菜，随便吃他四五个小时。

老李说得开心，我听得起劲，眼前一恍惚，就感觉自己身在东北，外面天寒地冻，雪花如席，凛冽飘扬，俺们在灶台前热火朝天地吃那一锅酸菜猪肉炖粉条，吃到全身冒汗，吃到不能自已。

酸菜这吃食不稀罕，全国好多地方都有，但数东北酸菜最给力，它没有韩国泡菜的辣，也无四川泡菜的花样繁多，就一棵大白菜，直愣愣的，剁吧剁吧，一炒一煮，加了水，用旺盛的柴火死劲地咕嘟。只要火够大够旺，这酸菜的活力就给全咕嘟出来了，酸得透彻，酸得给力，酸得浑身都是劲儿。

锅里的咕嘟声愈来愈大，热气挤出锅盖的缝隙，呼呼地往外冒了，就是享受美味的最佳时刻。

酸菜是东北菜里的最佳调味料，大多菜式都可使用酸菜，任何食材，只要遇它，一准儿激活了品性，激发出味道，纵是天生平淡普通，咕嘟之后都会变成可口美味。不管白肉，还是血肠，不管河鱼，还是饺子，但凡和酸菜搭配，都叫人欢欣鼓舞。

老李说，北京的东北菜馆都不行，酸菜不正宗，白肉不够好，血肠也不鲜亮，想吃还得去东北。

试过几家东北菜，始终没吃到最佳状态，愈是信服老李的话——东北菜最普通，最家常，当然要到家里吃，自家腌的酸菜，自家煮的白肉，自家灌的血肠，当然是最为用心用力，不偷懒，不省工，耗时费力做出的美味，岂是菜馆可以比？

川菜不辣

2006年，在先晓胡同上班，离川办六七分钟脚程，隔三岔五就去吃。

那一年的记忆，从头到脚都冒着麻辣味。

同事中有东北苗条妞名小渊者，酷爱水煮，常拉我凑数。两个人，一盆鱼，吃得底朝天，豆大的汗珠子顺着脸流到脖子上，真叫过瘾。

不良后果是，那段时间常做噩梦，梦中总有鱼儿来找我复仇。

我们不光吃建国门的老川办，还去小红门那边的新川办，那会儿新川办名气小，藏得深，一般人寻不到，但怎能逃过我等吃货的关注？

重庆人老黄开车，沿四环一路狂飙，而后拐进条坑坑洼洼的小路，颠簸半天，突然就柳暗花明：但见一处豪宅，环境优美，气势非凡，内中有湖，可在湖边用餐；有“火锅楼”一座，全楼只提供正宗川式火锅。离火锅楼老远，麻辣味已经扑过来。

老黄口味单一，只吃川菜，便跟他吃了两年川菜，城中但凡稍有名气的川菜馆，悉数吃遍。经此一番历练，彻底挖掘出我骨子里的嗜辣本性，吃辣的水准和本领直线上升，与重庆人、湖南人、贵州人、云南人一起用餐，皆以为我口味过重。

有那么一天，突然对辣失去兴趣，再不想吃。

问老黄：川菜中有没有不辣的菜？

资深吃货老黄小眼一眯，点上根烟，慢悠悠地说：“川菜中至少百分之六十不辣。”

至此我才明白，对于川菜，人们有太多误解，以为无菜不辣，无辣不欢，麻辣是川菜唯一的灵魂。哪承想，川菜变化多端：可以火爆，亦可以温柔；可以热闹，亦可以清静；可以豪爽，亦可以优雅。我们对川菜之误解，一如对川人之认知，接触不深时，总觉得他们封闭、保守、好斗，嗓门儿大，不思进取，酷爱搓麻。但接触得久了，便会发现他们的另一面：豪爽、质朴，耽于享乐，热爱生活。

从此开始寻访不辣川菜的漫漫饕餮路。

建外SOHO有一个家庭式私房小菜馆，是某超跑车队的私厨，没有招牌，不对外营业，没有专业大厨。因熟人介绍，我等方得以登堂入室。掌勺的系一对老夫妻，老两口做菜，秉持地道川菜手法，却无一道辣！

细尝之下，盘盘清新可口，催人食欲，其制作之精致，与五星酒店比，亦不惶多让。之前食辣太猛，现在再尝老夫妻做的菜，会修补被麻辣破坏的味蕾。

又有一家“都江源”，亦令我印象深刻。这店位于南锣鼓巷边上的板厂胡同，系某女艺术家所开，餐厅开在古色古香的四合院里——具体说是僧格林沁府的偏房，院中有两棵树——一棵是枣树，另一棵也是枣树，树冠甚大，浓荫相连，即便夏天，也有清风徐来，不开空调，自是凉爽清静。把餐厅开在四合院，本不算新鲜，但要开得这般清新脱俗，优雅不群，怕偌大京城也找不到几家。

店中诸菜，均以套餐形式呈现，客人无点菜之权，只能就搭配好的套餐做选择，且须提前预订，店家据此来购买新鲜食材。套餐中诸菜，注重营养搭配，有菜有肉，但多数清淡，量不大，够吃饱，算恰到好处。

吃完菜，叫服务员收拾了餐桌，再来一壶茶，放首古琴曲，坐在墩实厚重的大椅子上，细斟慢饮，真是赏心乐事，待到日头偏西，才发现这一天光阴如此短暂倏忽。

私人之见，川菜要长远发展，万不可只攻麻辣一途，现代人要刺激，亦需要健康打底，吃多了油腻，自然也要来点清新，因此，“不辣川菜”必不可少。

尚记得前些年，最爱去“麻辣诱惑”或者“渝信川菜”，点那些辣死人不偿命的菜，这几年，却更爱“双流老妈兔头”或者“眉州东坡酒楼”，只因为它们皆可提供数道不辣之菜。

以我看，川菜馆就应该讲点辣与不辣的辩证法。一味求辣，实在有违川菜之丰富多彩。这道理与做人一样：既懂得保持自己的个性，又知晓收敛身上的锋芒；既可以在热闹里愉快地玩耍，也可以在寂寞中领悟人生的真谛；既能生活在世俗的当下，又能在心里存放着诗和远方。

一个包子做了百年，味道还是这么鲜

某次旭旭来京，拉我去翠华路的桔子酒店陪他住了一晚。第二天早上告辞，阵阵饿意涌上心头，想着找个地儿吃早餐，抬头看见“百年冶春”的匾额，想都没想就进去，装修简洁素朴，古典雅致，浮躁心绪一下子全无影踪。

偌大餐厅，出奇安静，只有三两桌吃早餐的顾客，倒站了七八个服务员，赶紧拿菜单要上几种包子一碗粥。

包子是极赞的，一吃就喜欢上。比如最简单的豆沙包，包子皮松软，馅料细腻，甜度适中，沙到整个口腔都舒爽；又比如鲜肉包，有少量的汤，熟透的肉馅变成一个紧致的小肉团，先喝汤，鲜到不像话，又一口吃掉肉团子，有弹牙效果，一时竟被这包子惊到。冶春包子种类多，以上两种外，还有蟹黄汤包、五丁包、小笼汤包、豆腐皮包等，它家又不只有包子，还有虾籽馄饨、蒸饺、千层油糕、阳春面、松子烧卖等诸种面点。

一直以来，最引以为憾的，莫过于北京好吃的包子太少——名声在外的庆丰包子铺，与其大名极不相称，说难吃并不公平——但离好吃还有一万公里的路要走。

身为一个彻头彻尾的包子控，十年来认可的好包子不超过三家：一是几年前在亚运村吃过的大肉包，肥瘦相间的馅，香不可抑，吃到满嘴流油，馅里用了酱，有独特的酱香；一家是小胖包子王，油汪汪的半发面包子，一团子肉馅儿，有少量汤汁，搭配炒肝吃绝佳；一家是管庄西里小区门口的包子铺，纯正的天津大包，八毛一个，各种馅都鲜都赞。

所以，冶春开到北京，对我等包子控可谓正逢其时。

查资料才知，冶春是扬州著名茶社，延续百年有余，本地人人皆知。它家最擅长的，便是制作各种点心，包子是其绝活之一。身为茶社，香茗亦佳，所售“魁龙珠”茶，用扬州本地的珠兰、浙江的龙井、安徽的魁针配制，取扬子江水冲泡，色碧如玉、质醇厚、味清香，有此阵仗和周折，端的是一场茶水盛事。

冶春以经营淮扬细点、小吃为主，兼营饭菜，最著名的点心是“四色锅饼”，所谓四色，即豆沙、枣泥、水晶、葱油。其他如黄桥烧饼、葱油火烧、徽州薄饼、扬州干丝亦是人人喜欢的名吃。

冶春这种茶社，正系北京所缺，北京吃包子的地儿多数不提供茶水，喝茶的地方也无包子供应。冶春将吃包子与喝茶这两种活动合而为一，慢条斯里地吃几个包子，细细品尝一壶香茗，既有果腹之效，又有休闲功能——还有什么比这更惬意的事?

一个包子做了百年，味道还是这么鲜——冶春为匠人精神提供了一个完美的注解——既要有坚韧不拔的态度，又要有精益求精的要求，还要有对传统的坚定守护。现在的许多老字号，“倚老卖老”，“为老不尊”（看似形容人的词儿同样适用于“店”），根本名不副实，只管躺在过去的光荣里“吃老本”，借先人创下的品牌赚钱，食物难吃又贵，做着做着就做不下去了。

没有什么是可以糊弄的——即便是一个小小的包子。

冰冰凉，冰冰爽

每次去广州，王璐老师都带我去“许留山”。

挤在熙来攘往的顾客中，寻一小桌，或与人拼桌，要几份新鲜水果制作的布丁或冷饮，边吃边聊。燠热喧嚣的都市，因四溢的果香，充足的冷气，立刻变得清新可人。

许留山之于我，是珍贵记忆之一种。

有几年，江湖数度传闻，许留山要来北京扎根，每次都被证明是谣言，就在前几年，它终于姗姗来迟——在它之前，已有一堆知名冷饮店开过来，比如恒记、满记、鲜芋仙。许留山来得虽晚，却仍以其特色和风格，在北京冷饮界占得一席之地。

和朋友去过几次恒记，味道虽也好，但总觉得缺什么，后来才想明白，该店大都开在高档商场，桌椅柜台和氛围，都有点拒人千里之感觉，从而失掉街头小店的活泼和趣味，没了随意和亲切；鲜芋仙我没去过，但每每路过现代城那家店，总能看见不少年轻人表情兴奋，想来味道亦不会差到哪里去。

制作甜品向来是南方人的拿手绝活，花样百出。南方甜品北上，对我等嗜甜者来讲，当真是快意事。以前的北京，没几家像样的甜品——而现在，但凡去稍有点档次的购物中心，大都可以品尝到南方甜品和冷饮的绝妙。

最为人所熟知的冷饮店，当然是“哈根达斯”，它那句尽人皆知的广告语实在太容易蛊惑正在热恋中的年轻人——爱她，就请她吃哈根达斯。稍一追究就会发现，这广告语够狠，够准，时刻敲打着男青年的心，看着女朋友恳切的眼神，想想你爱她有多深，由不得不转身进来，并心甘情愿掏钱包。

用这样的广告鼓动消费，颇有些挟持之意味，我对此一直反感。但当真走进这家店，坐在宽松的沙发里，品尝它的冷饮，享受它的清凉，心儿竟也会慢慢融化——不但不会再烦，还很享受其中。人家贵也不是没道理，环境舒服，品质上乘，并非一味哄抬物价。吃完，走出门去，又有些莫名心痛，并愤怒地回忆：一个冰淇淋球竟然要几十块——如果去汉拿山吃烤肉，人家免费送俩球！

曾请某位小朋友去哈根达斯喝下午茶，点一个冰淇淋搭配面包套餐——它用三层的英式餐具装置，摆放精美，漂亮优雅，英伦范儿十足，这么好看的食物，一时竟舍不得下嘴。

轻挖一勺冰淇淋送进口中，绵软的甜与惬意的凉，在舌尖相遇，妙不可言。燠热炎夏，与喜欢的人一起吃冰淇淋，很容易到达幸福的高潮。

适合大众消费的冷饮店，首选自然是“鹿港小镇”，它首先是餐厅，其次才是冷饮店，我不喜欢它的饭，便只去吃冷饮。鹿港众多分店中，以工体店和宵云路店最为火爆。

工体店所以火，自然是附近有太多夜店的缘故，进夜店前，吃点喝点，垫垫肚子，为狂欢做准备。狂欢结束后，身疲力尽，再回到这店里，喝点吃点，恢复精气神儿。有这群夜猫子支撑，生意火到不行，周末时经常要等位子。

霄云路店之有名，则在于众多明星常混迹于此，一二三流，密密麻麻。因系台湾人所开，便常可看到台湾明星。某次去这家店，在门外遇一拄拐的残障人士打电话，仔细一瞧，却是唱《水手》的郑智化，顿有时空穿梭之感。

鹿港冰品，首推“绿豆冰山”或“红豆冰山”，巨大的一盘，堆成圆锥状，点一份，够四五人吃，沙沙的，甜甜的，凉凉的，一份够吃上小半天，炎热褪去，神清气爽。前面吃着最爽，越往下吃，味道越差，绿豆或者红豆被消灭，最后只剩一摊冰。

它家也有各式布丁或鲜果冷饮，但要跟制作精美的广东或香港冷饮比，味道还是有差距。但鹿港的人气，却也从来不减。

最美味的冷饮记忆，却源于南锣鼓巷的“吉事果”，它是一家只提供外卖的几平方米小店，也只有这一种产品：冰淇淋搭配刚刚炸出来的薯条，浇上巧克力的汁，有好事者将吉事果称之为“西班牙油条”。

用薯条蘸着冰淇淋和巧克力，那味道令人叫绝——热与凉的碰撞，甜与香的缠绵，巧妙掺杂在一起挑战味蕾，真个是“冰火两重天”。二十块一份，够吃到逛完半条胡同。

南锣还有家叫“文宇奶酪”的冷饮店，因报章杂志常介绍，门口天天排长队，我对这长队没耐心，却有朋友排队买了来，吃下去感觉甚是一般。人大都容易有跟风心理，看别人吃什么，自己也吃什么，看别人吃得香甜，自己也便觉得香甜。只要有人在排队，自己便跟着排半天。

前些年，北京还没有这么多冷饮店，某次和天津小胖妞弱弱去簋街，她一个劲向我推荐“抹了蜜”，见我不为所动，索性生拉硬拽着我进去吃。弱弱可能是甜品吃了太多的缘故，她腰上至少有两条游泳圈。

那些外面贵得要命的冰品，抹了蜜差不多只要十几块，弱弱点一桌，她自己吃了四分之三，她说，比起那些高高在上价格昂贵的冷饮店，她更喜欢抹了蜜——这名字喜庆，随意，又有人情味儿，东西也不差。

前几日看电视，濮存昕和冯远征、梁丹妮夫妻参加一个谈话节目，主持人帮他们回忆过往，特地准备了北京老冰棒儿，三位中年人吃得起劲，频频点头说“还是那个味儿”……我发现，凡食物，且是甜的，最能勾起心底的记忆。

你看这仨人，话匣子一打开，就没停点儿，我就想，假如给他们的不是冰棒，而是书包，肯定说不了这么多。

吃了这碗黑山羊米线，冬天再也不冷了

半个月前，去世茂工三吃了碗“束河人家”的野山羊肉米线。

一入口，叫了声“我K”，被那碗米线给惊艳到：爽滑的米线，辣透后背的汤，清新迷离的薄荷……瞬间迷失，以为身在束河古镇：坐在露天的小院里，前面是树，后边是河，远处有影影绰绰的山峰，棉花糖似的白云慢悠悠地自个儿卷起，又伸展开来。

口中不由得默念：云南，云南。

之后顺藤摸瓜，找到束河人家在北极阁头条的店，是个四合院，门脸儿小，进去才发现别有洞天，封闭式的小院子已被改造成二层小楼，到处绿植招展，楼上楼下全是爱粉的食客，一个个吃得满头大汗，呼呼哈嘿。

束河人家的米线，是我这十年吃过的最美味的米线。

每吃一次云南菜，对云南的爱就增加一层。虽从未踏上过这片土地，但精神上跟它一点儿不陌生，因为云南菜，我对这片土地早已熟稔：德宏、曲靖、临沧、楚雄、大理这些地名不再是地图上的小小标记，而是深入骨髓的记忆和舌尖上永远难忘的味道。

最早吃的一家，叫“宝琴”。是家小破店儿，装修简陋，座位拥挤，印象最深的是店里挂着周总理接见红卫兵的照片，照片上总理正与一位年轻的红卫兵握手——那红卫兵就是餐馆的老板，民族大学的老师。

门口永远在排队，食客大多是魏公村附近几所大学的学生，亦有如我般跑老远的路专想吃这一口的食客。食客们排着队也不安生，一个劲儿朝店里张望，兴奋地谈论着想点的菜：气锅鸡总要来一份，素炒牛肝菌也不能错过，香茅草捆鱼来一只，它家的菠萝饭最好吃，但黑三剁、土豆球、过桥米线也不得不尝……

我迷恋它家的米酒，竹筒盛着，往杯子里缓缓倒出，乳白的酒散发着清香的甜味，喝一口，那香甜从舌尖滑到胃。

吃云南菜上瘾，就想尽方法找。几年下来，城内的云南馆子吃个遍。

比如方力钧的茶马古道，艺术家开店，品位和质感都够，但大多不够专心，价格偏高，吃不出那种小店里的亲切感；比如云南办处事的云腾食府，食材和味道都不赖，就是太规矩太正经，吃得总不那么尽兴。

一坐一忘是后起之秀，最早走古朴野气的路线，现在是清新自然的小资风。我最爱看它家的店刊，老板是有文化有情怀的人儿，将自己在云南各地采风的经历记录下来，形成文字和图片呈现出来，美不胜收，令人向往——比吃它家的菜还带劲儿。一坐一忘户外有座，若是夏天，要壶普洱茶或是啤酒，与三五知己乘凉闲谈，亦是至美享受。

这店刚开业不久，推荐云南的朋友Fenny去舒解思乡之情，她倒是幸运抽中了往返丽江的机票，和一群食客被老板拖到丽江玩了一大圈儿——回来后跟我说，在魔都和北京漂泊了十几年，没想到心底最爱的，却还是家乡的那一草一木，那一山一水，那一道简单朴实的凉菜，那一碗香香辣辣的米线。

这两年热爱的云南菜，一是地安门大街上的“茶花妹子”，一是永安里附近的“山茶”。前者拥挤喧哗，总是热气腾腾，服务员和老板都眉目含笑，菜品实在，价格也低；后者清新小资，空间敞亮，服务员和老板都淡定自在，仿佛世外高人。

茶花妹子有道菜，叫“火山石炒蛋”，先端上来一盆鹅卵石，将打好的蛋液直接淋在石头上，呼呼啦啦地冒烟儿，炙热的石头与清凉的蛋液，像恋爱的男女，亲密接触的瞬间发生了奇妙的化学反应——它们翻滚、跳跃、热吻、拥抱——两分钟之后，就成了一盘嫩黄嫩黄的炒蛋，吃一口下去，嗯，有幸福的味道，嫩，香，清新。

山茶有道菜，叫“香茅草排骨”，六块一字并排的排骨，色浓味香，直接上手抓着吃，最易感触到朴实的云南气息，咬一口，油滋滋地外冒，一不小心就吃爽。

云南不乏名菜，如气锅鸡、黑三剁、过桥米线等早已为广大食客所熟知，但亦有些稀奇古怪的菜品令人叫绝——曾在东四一家小馆里吃过炸牛皮，双井一家小店里吃过青蛙皮——炸牛皮用的是真牛皮，炸过后牛皮变成雪白的一段膨胀物，口感筋道又有点微脆，若不蘸料，一点没有味道；青蛙皮其实是一种酷似青蛙皮外形的树叶子，多拌凉菜时用，也并不好吃，但这两道菜都叫我开了眼界。

一定要推荐的，还有云南的菌菇，那些白的黄的黑的菌，那些叫不上名字的菇，跟鸡汤同煮，鲜嫩可口，曾到一家叫“香草香草”的云南原生态火锅涮菌子，生生吃个够——怎么就那么鲜，怎么就那么美——吃完原生态火锅的那一周，再品尝别的菜式，都觉无味，都觉没劲。

有这些云南菜为伴，即便一辈子不去云南，亦不会觉得遗憾。人生这么短，并非所有的愿望都能够实现，有一颗心，有一个胃放在云南就够了：吃着云南菜、云南米线、云南菌子，喝着普洱，尽可以想象那里的美景，那里的蓝天，那里的人。

我理想中的云南餐厅——应该有一个小院子，不必大，但要有花草，有桌椅，可以喝上好的普洱和滇红，装修不用太精致，但要有一碗极好的米线，十道可口的菜，有竹筒装的米酒……如此足矣。

当吃下那一口米线时，就觉得自己已身在云南。

去双流，啃兔头

这世界上有一种遗憾叫——去过双流，没吃到兔头。当然，这遗憾绝无可能发生在我这儿。

2008年年底，突然就心血来潮，一个人跑到大西南，四处游荡，自贵州而重庆，最后一站到成都，每天跑到街上，寻摸各种吃的——重点是麻辣口味的一切，浸在其中，简直无法自拔。

住处附近的熟食店里有兔头出售，每晚回酒店前便买10个兔头、两罐啤酒，回房间打开电视，坐于床头，边吃边喝，端的是绝佳享受：兔头辣飕飕，吃得人不停喘粗气，额头上沁出小颗粒的汗珠儿——吃一口兔头，饮一口冰啤酒，那种爽，岂是“爽”字可以形容？

最可惜是，没办法吃火锅，火锅是集体项目，一个人吃，有点傻，有点愣，有点不要命。闻着满大街的牛油香，一个劲地流口水。好在，之前在重庆时已过足火锅瘾，才不至于馋到不行。

回到北京，思念兔头，却无处可寻。某天正好看电视，播了个广告，一位朴实的大妈面对观众，用掷地有声的四川口音说：我是老妈，我来北京了！她开的店，就叫“双流老妈兔头”。

大妈那张严肃的脸上透出一股酷劲儿，切切收服我的心——像我坚信的一个道理：食物要有特色，做美食的人须有个性——有个性才不会四平八稳，有个性才不会平淡中庸。店主将自己的个性融入菜里，那菜便也活了起来，立体起来——成为有故事有风格的菜。

据说老妈最早时并不卖兔头，而是卖麻辣烫的——儿子自小爱吃兔头，老妈心疼儿子，便在自家店中的麻辣烫锅里煮给儿子吃，顾客看到儿子吃兔头的模样，也想尝尝。聪明的儿子发现了商机，遂建议老妈改售兔头——本出于对儿子的爱，却不想成就了一桩生意，兔头越卖越好，走出了成都，走到了北京。

这店开在双井，离我住处不远，老天爷从来都关照吃货。

第一次吃，是和偶像杜丽，到二楼雅座，一下子隔开了喧闹的一楼大厅。两人占一条长桌，坐松软的长沙发。点了番茄鱼、酸汤肥牛、手撕包菜、五个兔头，前三菜每道都好吃，鱼肉嫩而不烂，包菜脆而不生，尤以酸汤肥牛最为地道，酸味适中，是很正的那种酸，用的当是上好米醋。牛肉片煮得恰到好处，不柴不硬，又有嚼头，喝一口酸汤，吃一口牛肉，那种爽劲儿就像左手牵了范冰冰、右手牵着李冰冰，一起走红地毯。

试试兔头。是热的，刚刚出锅，烫手的那种，口感而言，不如凉的令我动心。肉质细嫩软烂，啃起来毫不费力，就是麻辣味比成都差不少，大概怕这边的顾客hold不住，所以降低了辣度——就是吃不出来小汗珠，吃兔头要有高潮的——那高潮的标志便是额头上那层密密麻麻的小汗珠。

但还是喜欢上这家店，便经常来，每次门前都排起一溜儿长龙。开业才不过几个月时，便已经火遍北京，国贸白领人人传颂。

某次与九位朋友到它家用餐，点了四十只兔头。那一大盘儿端上来，层层叠叠，颇为壮观，先前声称要吃个痛快的几个妹纸，被这么多兔头吓住，闭着眼睛一个劲儿说可怕，吃不下。正中我等嗜兔头者下怀，乐得把剩下的都揽到自己盘子里来。

兔头上边肉本来就少，要吃得尽兴，须调动全身器官尽情感受：徒手拿着，用牙撕着，用舌头舔着，吃完外面的肉，再将兔头一掰为二，丝丝缝缝里每一块区域都要认真对待，最后只剩下一个干干净净的空壳。

如果说“双流老妈兔头”有缺点——便是菜品较少，将菜单翻遍，能点的是基本都点了，到最后竟然无菜可吃。但转念想，这或许亦是老妈独到的经营法则——主打兔头，菜品为辅，是为专注——如果做成普通川菜馆，与其他家也便没有区别了。

最后要交代，来老妈兔头吃饭的，有不少美女，操一口四川话，大声地聊天，欢快地啃兔头，豪放地饮啤酒！

一时去不了四川，不妨来这儿过过瘾。

日料吃的是个“鲜”字

本人非寿司拥趸，北京十年，吃日料的次数终归有限，两只手数得过来。

记得最早去的是黑松白鹿，寿司一块也没敢吃，只干掉一盘沙拉，那会儿对生肉过敏；后来到光华路上班，楼下有名料理店“隐泉”，常有大小明星来食，一时名声甚盛，弄得吃饭都要排队，曾与沁美女苦等十五分钟，终不耐烦，走人了事，此后再无去过此店。

去年秋天，设计师伉俪从顺义进城，电话里说，吃本格。记起吉井忍推荐过，便兴冲冲地去尝试，果然是赞，肉都够鲜够嫩，仨人吃得忘乎所以，对日料的兴趣这才被点燃，其时，距我第一次尝试已然六年有余。

本格日料藏在新源南路的一幢楼里，门脸儿小到几乎看不见，没有招牌，只挂了条布幔，害我在附近兜兜转转找了好半天。店内的空间亦十分狭小，拥挤。审视四周，发现布置什么的也挺一般——许多好吃的店面，并不在装饰上花费太多精力，但食物却总叫人惊喜。

据吉井忍介绍，本格创始人李卫涛师傅曾在日本东京茗荷谷的一家寿司老店修行了八年，是典型的寿司职人。日本的寿司职人，大部分从当学徒开始，一步一步往上走，要熬到主厨，需八至十年——先从洗碗、端茶倒水等杂事做起，然后才有资格煮饭、处理食材，差不多到第四年进入吧台，第七年学习握寿司——端的是时光漫漫，若非真正热爱或切实地投入这一行，断难坚持下来。

更有极端的老派职人认为，一名寿司师傅须经过二十年才能独立。在日本，许多人终其一生，只做一件事，且将其做到极致——这是职人精神的重要内核，也是神级职人辈出的原因。

但凡一切美味，想做到好吃，须有两个先决条件：一是食材够新鲜，二是调料够美味。日料以生食为主，食材新鲜乃第一要义，看那些讲究的日料，对食材之要求，皆达到苛刻之程度。比如著名的寿司之神小野二郎，挑选食材时都要亲自出马，且只从他信任的食材贩子那儿进货，挑不到合适的食材时，宁愿不做——鲜是日料的核心，是做出上好寿司的关键。

之后才是大厨的技艺。没有前面这两个先决条件，再好的厨师也枉然。

那日在嘉里中心偶然看到“元气料理”，正好肚子咕咕，赶紧闪进去，要了份“刺身盖饭”套餐。我是第一次知道有刺身盖饭这东西，并不了解吃法，凭了感觉，以为应该与普通盖饭一样，菜与饭要充分搅拌，让二者的特质融合，以产生奇妙的化学反应。

味道果然不赖，新鲜气息充斥整个口腔，只是芥末放太多，味道冲，吃得眼泪都快要流出来。

肉是新鲜的，米饭粒粒分明。配菜有大酱汤，一向不为我喜，这次亦如此。而那小小的一块内酯豆腐却是惊喜，极细嫩，柔滑，味道鲜美，清清爽爽；小碗拌菜汁料充足，可口。

六十八块的套餐算极实惠。

近来食日料的完美体验，是在团结湖附近的“慢走”实现的。某友吃过它家的鳗鱼饭，念念不忘，仍想回头，便拉我作陪。先上一堆小吃，分量皆小，但味道不俗，喝杯清酒，细品慢饮了半小时，才等来传说中的“京城第一鳗鱼饭”。

上面铺了满满一层鳗鱼，色泽深红，香味浓郁，尝了一口，果然是鲜呐！肉质细嫩软烂，香到叫人喘不过气。赶紧与米饭拌了，再吃，鳗鱼的味道浸透了每一粒米，爽口顺滑，忍不住赞了一遍又一遍。

我一个不爱鳗鱼的人，也吃到魂飞魄散。

鲜是日料的灵魂——没有鲜，便不会有好吃的日料。

这个“鲜”，不仅是指店家的食材新鲜，还指顾客要趁着鲜劲吃，等你拿手机拍完照，已然就不是最鲜的状态了。若再苛刻一点，你的口腔也要“鲜”，每吃完一种东西，最好食两片日料店里的腌姜片，祛除口腔异味，再来品尝另一种食物——唯有如此，方能get到食物最完美的鲜劲儿。

辑三　101场饭局

一场美好的饭局，应该有好酒好肉，当然还要有好友——酒肉让我们的身体得到快慰，朋友让我们的精神得到安抚。

『同吃为朋，同喝为友』，吃吃喝喝之间，气氛最是放松，交流最为无碍，感情自然升华。

愿你的每一场饭局里都有幸福回忆。

下半夜，哪里食

有几年，我爱死簋街，尤其喜欢下半夜去。

那会儿爱热闹，动辄组饭局，或者和朋友，或者与同事。约好时间和餐馆，齐头并进奔簋街，一看到整排整排的大红灯笼，一闻到那满街飘香的麻小，立马自动调适到吃货状态，馋瘾便生生被勾出来，不停咽口水。火急火燎地找个馆子坐下，抓紧菜单点将起来。

实在找不到人，就拉强仔一起，那会儿他与我同租。

强仔是重庆娃，和本人一样嗜辣，但凡我俩结伴，别的都不吃，就来一大盘麻小，别桌客人吃麻小都戴着塑料手套，文明卫生，我和强仔嫌麻烦，从来都是上下其手，十指大动，吃完抹抹嘴，从头到脸火辣辣、黏哒哒的。吃麻小有两样为最佳伴侣：拍黄瓜和冰镇燕京啤酒，前者去辣，脆生生；后者去火，凉津津。

吃至中途，强仔满头是汗，一个劲地用重庆话感叹：“太巴适喽！太巴适喽！”

有那么几年，簋街是我夜生活最为重要的组成部分，每周都要去。经常吃到内心荡漾，吃到天色渐亮。

若无簋街，这个城市对我的吸引，便降了至少三分。簋街之趣味，不只因为有美食，还有它世俗而真实的城市特质：三教九流杂糅并处，各色人等特色分明。既有妖娆之女郎招摇过市，又有遛狗之大妈轻松自在；既有松松垮垮的流浪歌手浅吟低唱，又有闲散慵懒之白领假装高端……许多明星亦受不住诱惑，跑簋街来过嘴瘾。

每个人都可以从簋街找到乐子。

我一家家吃来，从东往西，凡有点名气的，皆要品尝。吃到花家怡园时，就爱上它，然后，成为它的常客。后来做美食编辑，与店家多有交集，这餐厅慷慨大方，某年世界杯，邀请我的三十多位读者吃喝观球，一律免费。众读者吃得开心，纷纷表示，以后务必多举办类似活动，没有买单压力的饭局，最是轻松愉快。

花家怡园之特别，在于它有两个奢侈无敌的大院子。寸土寸金的市中心，有这般宽阔宅院，做了餐厅供人吃饭，真不多见。院子盖得精致漂亮，雕梁画栋，酷似一座小型王府，在这样的地方用餐，恍惚间总有种去王府里做客的错觉。

东边这进院子太热闹，喧嚣嘈杂之声不绝于耳，沸反盈天，人们借了美食和美酒，兴致高昂，谈兴太浓；西边那进院子多包间，一下子安静下来，跟东边形成鲜明之对照，每个包间布置得简洁而又大方，桌椅皆旧时风格，墙上有字或画点缀，文雅淡泊。院内有上了年纪的树，坐树荫下，可感受到沉沉的凉意。夏天时，我不喜欢在包间里吹空调，更愿意在树荫下吹凉风，那种舒服劲儿只有亲去的人才能感受得到。

环境是好，菜也重要。说到底，环境可以影响人的情绪，而菜品的好坏，则直接影响到胃。若安慰不好它，胃也会造反，让心情变差。

当然要尝尝“花家白菜”，按理讲，白菜太家常，难登大雅之堂，一般小餐馆里有归有，多是醋熘一下了事。花家白菜却不凡，选用平时人们不爱的白菜帮，细细地削成薄片，然后用酸甜口的浓酱汁爆炒，白菜还保留着脆劲儿，可口开胃，端的好吃。我以为，最考验一家餐厅烧菜功夫的，不是大菜硬菜，而多是普通小菜，比如拍黄瓜、醋熘土豆丝等，食材极为普通，用料极为简单，正因如此，想要做出特别口味并让人记住，才算难事。

花家白菜就是考验功夫的一道菜。因为好吃，一天竟能卖出

1500盘，长期霸占菜品排行榜NO.1，由此可见它受欢迎之程度。

花家怡园以“花”命名，先是因老板姓花，后是人家想要摒弃门户之见，取各家之长，为我所用。不同口味的顾客，都可以在花家找到自己所爱，麻辣酸甜，各取所需，不用担心和别人吃不到一块儿。

我个人喜欢它家独创的佛跳墙，与普通采用名贵食材的佛跳墙不同，它家这款多使用菌类，然后高汤调制，汤鲜味美，亦定能让和尚们放心地跳墙。

想吃北京特色，可选择烤鸭、京八件、话梅小排、八爷鸭方。想品各地风味，不妨试试霸王鸡、桂花鱼、气锅鸡、木桶豆腐。若想尝试下中西合璧，那就点鹅肝炒牛柳、巧克力薯条、炸苹果。

去花家怡园吃饭，我这等夜猫子最喜欢选在下半夜。通常是与朋友一圈活动之后，突然发现肚子饿了，便打个车直奔簋街。十二点之后，花家怡园提供消夜，有麻辣烫及各种小凉菜，几个朋友，点一桌边吃边聊，喝花家自酿的黑啤，好不惬意快活。

现在，花家怡园扩张迅猛，四处开分店，且越开越高档。我还是执着地喜欢那处四合院，只因它实在有特色。

簋街上的店，还有几家得我欢心，比如“接头暗号”，是簋街小龙虾肇始者，老板为人豪爽大方，曾请我大啖他家最好的麻小；比如“巫山烤鱼”，乃北京烤鱼发源地，很长时间内一枝独秀，深得做鱼精髓；比如“手擀面”，门脸儿小，但面条筋道有嚼头，几道精致小菜味道佳，吃面时，要小牛肉的卤，搭瓶小二，边吃边喝极为过瘾。

除簋街外，亦有许多地方可充当深夜食堂。

若只想填饱肚子，可去永和豆浆，二十四小时营业。这几年，永和稍有进步，东西好吃了一点。某个深夜，从望京回城，半路饿了，跳下车子，到永和点碗新推的牛肉面，居然有大块牛肉，香气扑鼻。

若想要吃得爽，就去遍布全城的海底捞，好多也是二十四小时营业，想想，凌晨三四点，别人都在梦乡，你却大快朵颐，不亦快哉！懒得出门，叫外卖也成。这年头，餐饮业竞争真个激烈，连火锅都送外卖。吃完也不用自己收拾，自有餐厅派专人前来，实在是懒人的福气。

爱西北面食的主儿，可以去马华牛肉面，不只有面，还有泡馍，不只有泡馍，还有大串烤肉及各种小凉菜。

喜食广东风味的朋友，建议去雍和宫的金鼎轩，几层楼上，尽是玩累的夜猫子来此补充能量，种种粤式小点尽情去吃。

有个地儿最适合夏天，工体或霄云路的鹿港小镇，通宵营业，人多而密，饿了吃它家的卤肉饭，渴了喝它家的冷饮，冰沙系列量大而优，实为一绝。

爱吃的人，尤其是夜猫子，能体会到别人感受不来的幸福。

有味儿

老爸老妈来京，带他们到东四领略旧都遗韵，胡同里走几个来回，然后踅进小餐馆喝豆汁，二老虽觉得有股酸腐之气，并不合口味，却也可以就着焦圈和咸菜，淡定地喝到不剩一口。老爸老妈告诉我，这豆汁儿，跟老家鲁西南的酸粥有一拼，只是不如酸粥黏稠，不如酸粥有滋味。

老北京的诸多小吃，我大多可以来几口，唯豆汁，喝前总要先下半天决心。

每看到绿乎乎的那一碗，心下便开始烦躁不安，捂着鼻子，小心翼翼喝，泔水味直抵嗓子眼，生生想要往外吐，强忍着咽下，再也不敢喝第二口，嘴中的酸气仿佛随时可以引爆……当场就有冲动，想要将这碗豆汁掉倒，只有如此这般，才可以眼不见心不烦。

有几次喝豆汁失败之教训，亦不思悔改，但凡遇到可以提供豆汁的餐厅，都还是要来一碗。几年喝下来，我竟然可以多喝几口；又过几年，我可以喝多半碗了；相信再过几年，我可以做到连饮两碗，面不改色心不跳。

你看，喝豆汁这件事，还真是励志：只要用功深，铁杵磨成针；只要下决心，目标都成真。

有人说，想做个陕西人，先要听得完半场秦腔，吃得下一碗泡馍，这自然容易。但想要做北京人，先要过了喝豆汁这关，怕是难坏许多人。

咱不爱喝，却不妨碍别人喜欢，经常看到操一口京片子的中年或老年人，捧碗豆汁，喝得轻松愉悦，喝得热火朝天，喝得欢声笑语，喝得乐在其中。看他们喝完豆汁后的表情，比听场相声看场大戏什么的都来劲。

这豆汁在老北京那儿，仿佛人间第一美味。

某天坐公交车路过磁器口，透过车窗，看到一个老太太，站在豆汁店门口，拿小勺正一勺一勺喂轮椅上半躺的老伴儿，阳光打在他们身上，温暖祥和。

那个场景令我感动，至今难忘。那一碗豆汁，分明不是豆汁，是他们关于爱情的美好记忆。

有味儿的东西，非豆汁一种，又比如我最爱的大肠和爆肚。

对热衷于下水的食客而言，最关心的是这大肠和爆肚洗得干净与否，洗得干净，才能吃得安心，若是不干净，就只能恶心……某次和朋友吃羊肠煲，吃到中途，却在包里发现了颗羊屎蛋，那叫一个恼火。

店家忙赔礼道歉，这个不收你们钱。

这不是收不收钱的问题，这还有精神损失的问题！这也不是精神损失的问题，这还有叫人恶心的问题！不想还好，越想越恶心，回家使劲刷牙，寻求心理安慰。可你明明知道，这又不是刷牙的问题！

话说回来，下水这东西，洗干净没错，但又不能洗得太干净。你洗了一百遍，采用各种手段去味儿，最后的结果是，肠没有肠的味，肚没有肚的味……咬在嘴里，什么味都没有，倒有点像嚼橡皮筋。

保留一点点腥或臭，这是做好下水的哲学，关于这“一点点”是多少，全靠厨师自己把握，把握得好，是为功力深厚，把握得差，生意也没办法好起来。

保险起见，我要吃卤煮火烧，只去小肠陈，就因它家的肠保留了肠的特质；吃爆肚只去爆肚冯，它家的爆肚亦让人有吃爆肚的快感。

在食物与人的交流中，快感很重要。

顺便说一句，山东人爱喝羊汤，那个“膻”也一样，膻重了喝不下，没了膻，羊汤又不传神。

最后要聊聊臭豆腐。

北京似乎找不到好吃的臭豆腐，不管街头小摊，还是餐厅饭店。

什刹海的西海边，有个饭店叫“西湖鱼生”，号称有正宗的杭州臭豆腐，我去吃了，颇不以为然。原因是，他们把臭味降到了最低——低到一点儿也不臭。

不臭的臭豆腐，你会觉得好吃吗？

有味儿，恰是这些食物的诱人所在，若去掉了“味儿”，其魅力便荡然无存，这恰如我们所生活的世界：从来就没有完美的事物，从来都充满了缺憾，而不完美和缺憾恰恰成就了它的魅力。

而一旦接纳了这种“不完美”，爱上这种“不完美”，人生就会变得亮堂起来。与这个世界，我们要和谐相处，而非针锋相对。

扫描二维码，可收听本文

怎么就那么辣

我刚来北京的2003年，北京美食界正被一种食物统治——麻辣小龙虾，简称“麻小”。它风靡之程度，有点像一度在直播APP里红透的喊麦名曲《一人我饮酒醉》，走到哪儿都躲不过。一入夏，城中自然形成全民参与的“小龙虾运动”，簋街的各家餐馆，因这种食物而生意火爆，每张桌上都少不了一份麻小，每个客人手里都捏着只龙虾。

麻小成就了簋街的光荣与梦想，也目睹了它的失落与屈辱。麻小最为繁荣之时，簋街制造过太多千万富翁的神话；而在它衰败之际，又令众餐馆陷入困顿，再也无法回到从前，其中的多数最终只得关门停业。

我一直觉得，小龙虾只是由头，麻辣才是重点。

有好多年，北京餐饮的口味特别单一，单一到麻辣代替了一切，扫荡了一切，君临天下，无人可敌。全民嗜辣的后果是，餐馆过于迁就顾客，味道越做越辣，使得人们的口味越来越重，对味道的感觉变得迟钝麻木，仿佛这世界除了辣没有其他。

簋街红火的那些年，每到夏天和朋友到簋街吃麻小成为惯例。初时小龙虾按个头分为小中大，小的三块，中的四块，大的五块，因小龙虾供不应求，价格也一翻再翻，一度涨到十块，真真贵死个人儿，按一人二十只的食量计算，四五个人差不多能吃掉一千块。最近又去吃了一次，才知道个头最大的，已经涨到二十多块一只。

之后麻小式微，有几年，再也未出现像麻小那么火爆那么流行的食物，簋街的风光多少因此受到折损，人气再也无法回到从前。

趁麻小被冷落，聪明的商人忙不迭地引进其他美食，一直未能形成气候。但还是有独辟蹊径的餐馆在“后麻小时代”发了财，比如某牛蛙火锅餐厅，依然是麻辣口味，主打却由小龙虾变成牛蛙，因其美味，引得诸多明星频频光临，某次和强仔去吃，眼尖的他指着一个正打电话的连衣裙妹子问：“这不小陶虹吗？”亦听闻张靓颖在这家店一人干掉八斤牛蛙，算得上演艺圈的大胃王了吧？

第一次见餐馆老板时，他还开一辆二手小破车。第二年再见，人家换了一辆红色法拉利。不禁心里盘算：这一只车轮子，得卖多少斤牛蛙？

两三年后，北京食界再出新贵，这一次轮到烤翅出场，口味依然是改不了的麻辣。

烤翅发端于西单，成名于东四，发扬光大于清华以及大北窑等处，一时之间，烤翅成为白领和学生的口头禅和关键词，以烤翅为主题的餐厅再一次爆发式呈现。

西单烤翅最火那阵儿，我和强仔曾想要排除万难，去领略这家店传说中的风采，电话打过去，对方说，提前一个月订座。过一个月，再打，说还得等一个月。一怒之下，不吃了。

接着，东四“五哥烤翅”成名，挑了一个白天去吃，结果大门紧闭，叫半天，出来一个光膀子壮男，满脸不高兴，说，白天不营业。

据吃过的人讲，不管西单烤翅还是五哥烤翅，你可以辣到流泪，辣到心碎，但绝不能抖掉烤翅上那层厚厚的辣椒面，如胆敢这么做，服务员会毫不客气地正告你：尔等为不受欢迎之食客。

即便如此，又怎样，仍然门庭若市。什么时候顾客开始enjoy

受虐的快乐？

等我吃上烤翅，已是大北窑“国贸烤翅”开业，一帮同事凭了邻近的关系，每天一下班就跑去占位，功夫不负有心人，终于吃上了香喷喷的烤翅。

烤翅是香，但撒在上面的厚厚一层辣椒面，依然让我觉得无语。美食者，重在口味之丰富，质感之细腻，形式之巧妙，只一味地强调麻与辣，便逃脱不了灭绝的宿命。说到底，美食是一种平衡的学问：一味追求个性，难免走向偏执的境地；而一味追求共性，又难免沦为芸芸众生。如何在个性里融入共性，是每家店都需要面对的终极问题。

果然，两年之后，烤翅也淡出江湖，很少被人提及。

与烤翅差不多同时火爆的，还有烤鱼。此前，市面上流行的是水煮鱼，要么去川办，要么去沸腾渔乡、麻辣诱惑等餐厅，水准亦大同小异不相上下。烤鱼的出现，提升了鱼之吃法的多样性，它是不循常理的江湖做法，颇有些生猛气息。

烤鱼让簋街因麻小衰落而受损的元气有所恢复，一时之间，烤鱼铺子遍开簋街，使得这条美食街渐渐恢复了生机。在某种程度上说，是烤鱼拯救了簋街。

簋街之外，城中各地也冒出许多烤鱼店，不过大家都打着“巫山烤鱼”的招牌，让人无法识别真与假。

比之小龙虾和烤翅，烤鱼的形式更丰富，吃法更多样。它将素菜与肉类完美融合，一边吃荤，一边吃素；可以麻辣，可以香辣，可以酱香，选择多多。

烤鱼吸收了烤翅和麻小的教训，不追求极致的味觉体验，它存活的时间也最为持久，到现在仍然不衰。

簋街就是一个浓缩的“麻辣江湖”，从麻小到烤翅，再到烤鱼，洒家作为一枚忠实的吃货一路“追随”下来。这期间不仅因美味过了麻辣的瘾、解了麻辣的馋，也结识了几位颇具“麻辣风骨”的侠义之人。

某年初夏，为制作美食专题“龙虾壮士再战江湖”，整整一星期，我天天出没于簋街，从东到西，挨家拜访，领略无限诱惑的簋街之美。采访过程中结识了两位朋友，其一是“三姐”，其一是“接头暗号”的老板。

老板娘“三姐”是地道的北京人，说话做事自带着豪爽劲儿，她热心肠，人脉广，能量大，在簋街那一片，没三姐办不成的事儿。但凡有人求她，三姐大多会爽快地回答，“这事儿包在姐身上”，若不好办，三姐也会坦诚相告，从不虚与委蛇。我采访那会儿，三姐亲自帮我联系有名的麻小店，亲自给餐馆老板打电话，叮嘱他们好生招待。

与三姐熟了，再去簋街，必找她叙会儿旧，聊会儿天，听她说美食江湖之变迁，或者评点一下国际国内之大事；说人生小烦恼，或者讲佛家之智慧。若赶上饭点儿，三姐一定会先问“饿了没”，若答应“饿”，马上就端出来两盘香喷喷的菜。兴致来了，还会陪你喝点儿。

簋街老店“接头暗号”的老板亦是位实诚汉子，我刚一进店，人家二话不说，专挑个儿最大的龙虾给炒了特别大一盘，然后告诉我：“采哪门子访啊，想怎么写就怎么写，最重要是咱一起吃起来喝起来！”

龙虾个大，吃几只就饱，剩余的便打包带给加班的同事，但见他们看到麻小的兴奋劲儿，才彻底地感受到了麻小的神奇魔力。

我记忆中的簋街，麻辣是一种味道，也是一种为人的姿态。

有家餐厅特别黑

在北京，许多餐厅吃的不是饭，是创意，年轻人赶时髦，追新潮，哪儿好玩去哪儿，餐饮界投人们所好，一家又一家创意餐厅开起来。

十年前，吾友小S过生日，点名要吃“面酷”——那是家北京最早的创意餐厅，风格时尚摩登，理念先锋前卫——它有圆形的吧台，有酒保打扮的服务员，有暗黑光滑的墙壁，有简洁柔和的灯饰……吧台边上，围坐着一群“哧溜哧溜”吃面的食客，吧台里面，是几个正在拉面的师傅，那情景颇有几分错位和滑稽。

“面酷”的面食不过是个噱头，它主售各种菜品，价格也着实不菲——那顿饭我吃到史上最贵的土豆丝——十八块，2006年的十八块啊，朋友！当时，一般小饭店，土豆丝卖到八块已是天价。

东五环外的一个偏僻院落里，有家餐厅叫“红色经典”，整个是“文革”现场：台上红小兵大跳忠字舞，唱红色革命歌曲，台下数百观众忘我投入，全场大合唱，气氛隆重热烈。到那里吃过两顿饭，精神病都快犯了，自此再也不敢去。

印象深刻的还有一家“创意餐厅”，在三里屯SOHO，它有两个大蛋壳——实际是小包房——那顿饭吃得特别不踏实，总感觉自己就是只未孵出的小鸡崽儿，感觉比较怪异。

餐厅搞创新，原本无可非议，但一定不能忽视最基本的出发点。就餐厅而言，说到底还是来吃东西，创意只是辅助手段，给大家提供新鲜和刺激。只可惜许多老板不明白这个理儿，只一门儿心思搞创意，忘了自己是开餐厅的，根本不关心菜品的质量是否上乘，价格是否合理，环境是否舒适。甚至有些店家玩得出了格、走了火，毫不顾忌食客的就餐感受。

有家餐厅就把大堂装修成清朝监狱，服务员个个兵卒装扮，着军服，配长刀，威严十足，再看菜品，全与酷刑相关：车裂、腰斩、凌迟、锯割、断椎……你确定顾客看到这些菜名能下得去口？

顾客光临，刚进门，便听见“带犯人”的招呼声。如此阴森可怖，自然还是不去的好。吃顿饭而已，干嘛搞一出把自己弄进局子里的戏码。

玩创意，要趣味十足又不落俗套，绝非易事。为了创新而创新，为了吸引注意而创新，虽一时博取了噱头，却非长久之计。君不见，有多少餐厅都死在创新的路上，倒是那些踏踏实实提升菜品的店面，愈加有活力。

苏州姑娘张群，在烟袋斜街开过一餐厅，取名“张群家”，做地道的苏州菜，这餐厅无门牌，第一次去的人根本找不到地方；无招牌，尽可能低调地存在；不做任何推广，只凭食客口耳相传。

想吃？请电话预订，“张群家”只有一张桌，每天仅招待一桌客。没生意时，张群便坐在门口，眯起眼睛晒太阳，看街上游人。这才是真正有创意的餐厅，有创意的生活。

也有一些餐厅起初追求“创意”，能带给人，尤其是年轻人一些新奇的体验，而后又在功能上有所发挥和拓展，从而得到人们的进一步关注和认可。比如“黑暗餐厅”。

店主陈龙在开店之前打算出国留学，搜集相关资料、浏览国外网站时，他发现欧洲有家黑暗餐厅，觉得有趣，便决定自己开一个过过瘾。

黑暗餐厅果然特别黑，置身其中，什么都看不到，茫然无助，只得任凭服务员安排。在伸手不见半个指头的漆黑里，吃饭并不如想象来得容易：菜要么掉到桌上，要么送不进嘴里，忙活半天什么也吃不到。偶尔，还会听到边上一声惨叫，有人把热汤洒到了自己身上！

据说，许多网友第一次见面，就选这里。在黑暗中，只能凭声音来辨别对方，少了见光死的尴尬，也多了些神秘和新奇。

后来黑暗餐厅在双安那边开了家分店，受邀过去尝鲜，菜品比建外SOHO店好吃不少，又增加了不少新功能，比如拳击、摔盘等，据说是为白领们缓解压力，交很少的钱，就可以拿一堆盘子摔，我心血来潮，一口气摔了人家十个盘子——嘿，那feel倍儿爽！

开店与做人是相通的，在“别具一格”和“哗众取宠”之间，在“踏实务实”与“循规蹈矩”之间，在“追根寻源”与“舍本逐末”之间，哪里才是最佳的平衡点？你是否get到了？

食蟹记

前天去菜市场，到卖蟹的摊上一观，但见个个肥美可喜，拎一只出来，看它张牙舞爪，颇是活泼。才发现又到吃蟹季！

秋风起，蟹儿肥，备黄酒一大壶，肥蟹十余只，与友对饮，大概是秋季里最值得做的事情之一。

蟹与酒绝搭，是友情的最佳陪衬。

若有蟹无酒，那才是大煞风景，《晋书·毕卓传》称：“右手持酒杯，左手持蟹螯，拍浮酒船中，便足了一生矣！”有蟹吃，有酒喝，有风景可看，还有什么不满足？

说起吃蟹之经历，最让我怀念的是十年前的国庆节，与一众同事游烟台长岛，寄宿于砣矶岛上，晚饭后绕小岛散步，看到一渔家小馆，众人皆想一尝砣矶海鲜的地道滋味，敲门进去，说明来意，店主一口浓重的胶东口音：“吃蟹？好哇，稍等即来。”

说完，执手电筒骑自行车远去，不到一刻钟工夫，便提了满满一兜活蟹回来。

清洗，点火，蒸蟹，一气呵成，老板又拿出“烟台古酿”，供我等下酒之用。小岛寂静之夜，天上星月清明，三五知己围坐，闲聊古往今来，舒服。

哎哟，从没吃过如此好吃的清蒸蟹！

此后十年，寓居京师，虽也吃过许多次蟹，竟未有一家留下深刻印象。北京的年轻人嗜辣，众店家极尽迎合，纷纷推出香辣蟹，流行一时。但在麻辣的掩盖之下，蟹的本味早已品尝不到。

稍记得的，唯有在大东海食蟹之经历。大东海是洗浴中心，却以美食闻名，每年秋天，店里顾客比平时多几倍，多不是为了洗澡，是奔蟹而来。因系自助，多少随意，大大满足了那些爱蟹客，我看到有人一连吃了三大盘。

普通百姓爱食蟹，文人尤甚。随手一搜，便发现无数诗词吟蟹咏酒。想来美酒下肚，蟹香可人，亦必文思泉涌，灵感不绝。

肥蟹不但让诗人食欲大增，亦必激发了他们的才情。

东坡有“空烦左手持新蟹，漫绕东篱嗅落英”，毛滂有“鲈蟹正肥时，烟雨新凉日”，朱敦儒有“蟹肥一个可称斤，酒美三杯真合道”，辛弃疾有“劝公饮，左手蟹，右手杯”，陆游称“蟹肥暂擘馋涎堕，酒绿初倾老眼明”……个个都是吃货。

东坡爱蟹，对蟹的料理亦甚精通，其所作《老饕赋》便是证明：

……

尝项上之一脔，嚼霜前之两螯。烂樱珠之煎蜜，滃杏酪之蒸羔。蛤半熟而含酒，蟹微生而带糟。盖聚物之夭美，以养吾之老饕。

……

“尝项上之一脔，嚼霜前之两螯”，讲的是对食材的选择：吃肉时要选小猪颈后部那块最好的肉；而吃螃蟹，则要选秋风起、霜冻前最肥美螃蟹的两只大螯（脚），这才叫吃得精而细。

他还强调，“蛤半熟而含酒，蟹微生而带糟”，讲的是吃法：若吃蛤蜊，半熟时就着酒吃最佳；蟹要和着酒糟蒸，稍微生些吃。

若可以穿越时空，定要组一蟹局，邀上东坡、李渔、鲁迅这三位超级吃货，我来请客，他们负责讲故事。我猜，东坡兴致来了，估计会不停吟诗；李渔则会津津有味地谈论蟹的101种吃法，制作糟蟹醉蟹的技巧；迅哥儿一手持蟹，一手持酒杯，赞道：『果然石榴子一般鲜红的子。』

独家食谱之酸菜猪肉炖粉条

主料：五花肉、红薯粉丝、酸菜

辅料：葱、姜、食用油、花椒、盐

1. 五花肉洗净，切薄片。

2. 红薯粉丝剪半，用清水泡软，大葱拍扁切段，姜切片。

3. 烧热1汤匙油，倒入五花肉煸炒至出油，盛起五花肉，倒出锅内余油，洗净铁锅。

4. 烧热两汤匙油，加入1汤匙花椒以小火炒香，捞起花椒弃用。

5. 放入姜片和大葱段爆香，倒入五花肉兜匀。

6. 倒入酸菜，与锅内食材一同拌炒，炒至酸味四溢。

7. 注入两碗清水搅匀，加盖大火煮沸，改小火炖煮5分钟。

8. 放入红薯粉丝拌匀，以小火续煮5分钟至软，加入1/4汤匙盐调味，起锅开吃。

他被贬居惠州时，接老朋友章质夫来信，称要送酒六壶，东坡兴致极高，便想要好好喝一场。专门备了蟹，当下酒之物。哪知左等右等，不见好酒踪影，无奈之下，只得拿着新上市的螃蟹，漫绕东篱，去闻菊花香，便有了前边引用的那两句诗。

有酒无蟹，有蟹无酒，都是遗憾中的遗憾。

史上最爱吃蟹的文人，非李渔莫属。李渔爱蟹，几近痴迷，他称“螃蟹终身一日皆不能忘之，至其可嗜、可甘与不可忘之故，则绝口不能形容之”，人送外号“蟹仙”。李渔专门存钱，只为买蟹，家人笑他“以蟹为命”，他便自称购蟹钱为“买命钱”。蟹一上市，迫不及待地开吃，每晚必备，从不间断。

蟹未上市前，李渔命家人洗瓮酿酒，以备制作糟蟹、醉蟹之用。怕是过了蟹季，吃不到这等美味。

李渔认为，世人做蟹，方法多不可取。“蟹之鲜而肥，甘而腻，白似玉而黄似金，已造色香味三者至极，更无一物可以上之；和以他味者，犹之以爝火助日，掬水益河，冀其有裨也，不亦难乎。”蟹已是人间极致美味，万不可拿它与其他食材搭配，如此一来，当是破坏了蟹的鲜美。

无论是作羹或炒菜，皆不可取，“更可厌者，断为两截，和以油、盐、豆粉而煎之，使蟹之色、蟹之香与蟹之真味全失”，想想现在市面上，香辣蟹、萝卜猪骨螃蟹汤、咖喱炒螃蟹、螃蟹粉丝煲、酸辣蛋花螃蟹等菜，当然为李渔嗤之以鼻。

那到底怎么吃？李渔主张清蒸最佳，“出于蟹之躯壳者即入于人之口腹”，原汁原味料理，当是美食的至高境界之一。

鲁迅亦爱食蟹，日记中多有记录，他生于吴越乡间，对蟹自然熟悉，所以为文写字，无意间也常提及：“秋高稻熟时节，吴越间所多的是螃蟹，煮到通红之后，无论取哪一只，揭开背壳来，里面就有黄，有膏，倘是雌的，就有石榴子一般鲜红的子。”

哎呀呀，若不是超级吃货，哪可能观察得那么仔细?!

我就想，若可以穿越时空，定要组一蟹局，邀上东坡、李渔、鲁迅这三位超级吃货，我来请客，他们负责讲故事。我猜，东坡兴致来了，估计会不停吟诗；李渔则会津津有味地谈论蟹的101种吃法，制作糟蟹醉蟹的技巧；迅哥儿一手持蟹，一手持酒杯，赞道："果然石榴子一般鲜红的子。"

无泡馍，不人生

旭旭是西安土著，为羊肉泡馍而生，每周必吃两次泡馍，这一习惯坚持了二十余年从未改变。大学毕业后，有一段时间，这厮离开故乡到深圳工作，吃不上泡馍，愁得头发白了好几根，皱纹多了好几条。他经常挂在嘴边的名言是，“没有泡馍的人生，是不完美的人生，就如没有铃木保奈美的东京”。旭旭是《东京爱情故事》的超级粉，说什么事都喜欢捎上保奈美。

终于，他忍受不了没有正宗泡馍的深圳，毅然决然地回到西安，发誓要做一个开心的吃货。

用他的话说，“在深圳那段时间，嘴里淡出个鸟来”。

旭旭是我大学舍友，刚入校时的宿舍第一次公开活动，旭旭就组织大家吃泡馍。自己吃也就罢了，还要拉别人一起吃，美其名曰普及泡馍文化。拉一次还不行，隔三岔五还要拉，四年下来，他拉着舍友将东西南北城的泡馍几乎吃了个遍，令我等深深地爱上了这种食物，以至于泡馍成为生命中最为重要的组成部分之一：同学聚会吃泡馍，四六级考过了要请泡馍；有朋友来西安也是泡馍伺候……直到若干年后，我才认识到一个真理：羊肉泡馍的知名度所以大增，内中定有不少是旭旭的功劳。

旭旭带我们最常去的，则是南郊长延堡的老白家。那家店不显山，不露水，师傅也年轻，做出的泡馍却十分惊艳，汤美味足，筋道耐嚼，只要一口，整个人就酥麻无比，心下一个劲地感慨：天底下竟有这等好吃的东西。

光吃羊肉泡馍还不行，旭旭还带我们吃南稍门的葫芦头泡馍。葫芦头就是猪大肠，若用贾平凹的话说，就成了“猪痔疮”。这道名吃和药圣孙思邈有关，相传老孙曾在长安一家专卖猪肠的小店吃“杂碎”，发现其肠腥味大，油腻多，询问店家，方知其制作不得法，遂告之以秘方，并留药葫芦给店家调味。自此，这店的肠味道大好，顾客盈门，店家为感激老孙，便将其药葫芦高悬门首，遂有“葫芦头”之名。

南稍门那家店叫“春发生”，油油的，脏脏的，东西却好吃到没话说。肥嫩香腻的大肠一入口，所有的心事都被赶到九霄云外。旭旭一边摇头晃脚地吃，一边跟我们讲西安掌故，常听到入了迷，对古都的爱便更深一层。吃着吃着，愈觉得这葫芦头哪只是大肠那么简单——它简直是西安的底蕴，和古老的城墙一般深沉。

我们读书那阵儿，西安的物价便宜得叫人心痛：泡馍五块钱一碗，宝鸡啤酒两块六一瓶，十块钱递过去还有零头找。我们就着啤酒，吃着泡馍，心下甭提有多满足。

那么大一碗，够吃小半天，吃到肚儿圆。泡馍油大，食后久久不饿，又可以省下一顿晚饭。

泡馍之外，旭旭还爱吃秦镇凉皮、新疆大盘鸡、饸饹、油糕、锅贴、鞋垫儿（一种像鞋垫的烧饼）以及各种关中面食，总体上而言，他是爱好宽泛的标准西安吃货，但凡本地食物，没有他不爱的，没有他不吃的，吃什么都能津津有味，吃什么都能口舌生津，兄弟几个经常羡慕地看着他说：“这厮胃口真好。”

旭旭长得瘦，满身都是精骨肉。能吃，就是不胖。他是土门娃儿，我们周末到城里转，他周末就回家吃泡馍。周日晚上回宿舍，还会带些好吃的，我们这群人边吃边骂，说：“你这孩子，真不像话，怎么就拿这点东西，够谁吃?”

毕业后的前十年，我俩几乎没联系，这几年联系上了，见面又变得频繁了。

他每周至少来一次北京，每每快到南站，便在微信里告诉我：“中午12点，前门爆肚冯不见不散。”我一边骂这厮没礼貌，不懂提前预约，一边收拾东西出门。

爆肚冯是他的至爱，对小肠陈、海碗居、都一处也青睐有加。

每吃一样食物，都要品头论足，最喜欢跟泡馍比较。

“爆肚没泡馍好吃。”

“烧卖没泡馍好吃。”

“炸酱面比泡馍差远了。”

在这厮的眼里，没有什么比泡馍更好吃。

他有个计划，说是再努力几年，等攒足一笔钱，就来北京，开一家葫芦头小馆，闲来就邀请我过去，吃碗泡馍，喝个小酒，聊聊姑娘，“平静的心拒绝再起浪潮，让我们一起慢慢变老”。

我回这厮：“你还是自己老吧。”

热干面的干

前年夏末，青东路16号的姚姚来京，诗人流马和我商量，要郑重其事地请她吃顿饭。青年东路是我第一份工作的所在地，差不多是全济南最短的一条路。后来小伙伴四散，但友情需要联络啊，就成立了“青东16号”。

流马说：“吃湖北菜嘛，宰和尚。”

“什么什么?！这店名怎么起的?”我不解。

流马说：“是on the river，在河上。”

哈哈，当时我就笑抽。

我们就去了“在河上”。要了四菜，一汤，还有米酒，当然，每人一碗热干面。

这一吃再也忘不了。

这家热干面实在名副其实：又热（hot），又干（dry），是地地道道的热干面（hot dry noodles）。

咬在嘴里，香气立刻就扑上来，直往嗓子眼里横冲直撞。待咽下这一口，面的热气和香气还在肚子里持续挥发，能感受到面条在肠胃里轻微地蠕动。

吃到小半盘，热量传出来，额头上开始有细密的小汗珠。

再细看这面条儿，裹着一身酱料。面与花生酱经过搅拌，二者充分融合、吸收，每根面条都沾满了酱，每层酱都裹着面条，由花生碎、酸豆角、葱花mix出来的香味，在口腔中肆意奔跑。

我大叫：好吃好吃。

之前也吃过热干面，总惆怅于并不正宗。或者太干，或者太湿。太干了够硬，咬起来费力；太湿了变瘫，没有口感。

热干面就是要热与干都恰到好处。

吃完那些假的热干面之后，总是不免叹气：这怎么可能是传说中的热干面。有朋友在武汉生活过，总跟我说起热干面的种种，只听她讲，哈喇子就一直在口腔里酝酿个不停。

吃到“在河上”的面，才觉终于找到正宗。却不料，听见隔壁桌有湖北口音的妹子跟同伴讲：“这家的热干面也是改良的，但，比我在武汉吃过的都好吃，酱料特别赞。”

酱料应该是热干面之魂。好的酱料，是浓郁的，散发着香气的，那香气一定是扑鼻而去的，却又不油腻。

吃湖北菜，当然要来份排骨炖藕。

北方也产藕，但北方的藕大多只适合凉拌，吃起来脆生生，凉津津。湖北的藕，则最适宜于做汤，它色泽鲜嫩，红扑扑诱人，切成段，与排骨同煮，二者互相滋养，佳偶天成。藕越煮越糯，越软；排骨越炖越香，越烂，吃着藕和排骨，再来口儿汤，美到不可言说。

那汤色也是红的，透亮的，油星闪闪叫人向往。

另几个菜也都好吃，只是时间太久，已记不起名字。优秀的餐馆，总有几道特别好吃的菜；而特别优秀的饭馆，道道都是美味。

去年感恩节，为了感恩，我以吃货的名义重去了一趟“在河上”。

餐厅里只有八九张桌，屋顶和地板都被刷成绿色。桌椅是白的，墙边立了一架书，有《三体》、《小团圆》，也有小清新类的图书。

仍要了热干面。比起上一次来，似乎不够美味，仍然算好吃。上次打99分，这一次打85。

只有我一人，点了一个菜，猪蹄炖萝卜，猪蹄倒是松软，介于Q和入口即化之间的状态。味儿淡，稍辣，白萝卜倒更好吃些，去除了萝卜的土腥味，清淡可口。

吃完热干面和姚姚、流马在微信上交流，说究竟不如之前一起去时好吃。

姚姚回说："一个人吃当然没滋味，和我们一起食，才叫美味。"真正的美食，不只是食物本身，还包括气氛——那种气氛必然是和要好的朋友一起，才能营造出来。

她说得对。好饭是要和朋友一起吃的，好酒是要和朋友一起喝的，好想法都是和朋友一起吹牛时想出来的。

想想看，当年苏东坡在黄州时，若无与好友月夜泛舟时吃的那顿饭，喝的那场酒，若无与好友无所挂碍的坦诚交流以及互相启发，是断断写不出《前赤壁赋》那样的名篇的。

雕刻了那么多时光

很久前的某年冬天，和小S去北外，找才女马小萌聊天叙旧。

小萌说："走，带你们雕刻时光。"

那是我第一次去这间著名的咖啡馆，我叫它酒吧，凡有酒水供应的，又特别喧闹的地儿，我都喜欢叫酒吧，星巴克才是咖啡馆，COSTA才是咖啡馆，当然你也可以说它们是茶馆——这几年它们都开始售卖各式各样的中国茶和英式红茶。

我们仨要一份鲜果汁，量太足，半天喝不完。因为太划算，从此便认定雕刻时光适合我这类喜欢狂聊且容易口渴的人。

雕刻时光的晚上，喧闹热烈，顾客大都是附近的学生、白领或IT从业者，它的气场混合着校园的青涩感和豆瓣青年的文艺味。闲来无事，喜欢翻那些已经卷了页的留言簿，看有人哭有人笑，有人宣泄有人怀旧，有人滥情有人胡闹。读别人的故事，是了解人生的另一种方式。

几年后，老板别出心裁，将那几本留言簿结集成书，颇是畅销过一阵。

其后，雕刻时光遍开分店，香山脚下那家是我最爱。店里有个院落，春末夏初，坐在露天的院子里喝一杯，甚是享受。山风轻拂，满眼青翠，视野开阔，即便是文笔平平，也会有写诗的冲动。

我去得最多的酒吧，是过客，保守估计，七八年里去过有一百多次，它堪称南锣鼓巷酒吧鼻祖，见证了南锣从清冷到热闹的岁月。记得某天深夜约了小S到过客喝酒，一个人从巷子的北口进去，空荡荡的胡同里空无一人，连路灯也无，走在那黑暗中，竟有莫名的心慌。而现在，不管你任何时候去，都热闹得不成样子。

在我印象里，过客一直破破的，旧旧的，环境普通，食物也不算特别出彩，却总是南锣里生意最好的一家，每逢周末，刚过晚八点，就别想找到位子。

过客是最芜杂的酒吧，各种身份的人来此聚会，艺术家、商人、白领、学生、演员、流氓、流浪者……那些气质与风格完全不同的人物，融汇在同一个空间内，却从未让人感觉生硬、别扭、突兀。过客有神奇的魔力，它让所有人放轻松，并与周遭的气氛产生微妙的化学反应。

南锣的各类小酒吧，或者被老外占据，或者清一色的中国人，过客打破了这种边界，它有一种出类拔萃的融合能力，将老外和中国人汇集一起，处处彰显着五湖四海的国际范儿。

曾与过客老板小辫儿长聊，他说起当年开这间酒吧，只花了9000块人民币，店里的桌椅板凳，全由从附近胡同拆迁时捡回来的旧木料加工而成。最初，过客的功用是招待小辫儿外地来京的驴友，不想人越聚越多，生意越来越好，然后就成了现在的样子。

过客的国际范儿，亦体现于它的酒水和美食中。一系列的鸡尾酒，名字韵味十足，比如“about 35”，比如“曾经失去的鞋子”。

还要品尝羊肉串比萨，孜然、羊肉和西式大面饼子的cross-over，成就了一种中西合璧的美味——它符合过客的气质。

若吃到口渴，再来一扎冰凉黑啤，夫复何求？

夏天，我喜欢坐在过客楼上的露天位置，任微风轻拂，任时间流逝，一聊几个小时；冬天，更愿意坐在室内的角落里，暖气充足，人变慵懒，慢慢啜饮就好。

过客太热闹，棉花塘则太冷清——它与中戏一墙之隔，却把所有的嘈杂拒于门外，院里泛着荒凉，花花草草疯狂生长，竟已没过膝盖，店主也不做任何处理措施。院里有只懒懒的猫，白天总在晒太阳，晚上跑来跑去在顾客腿边蹭着撒娇。

我好热闹，亦喜欢无边清静，过客是和友人畅聊的好去处，而人在棉花塘，却可以听到自己的心跳，喧嚣人世当中，有宁谧如斯，好让我把心儿静一静，放一放，去除骨子里的浮夸和躁动。

棉花塘关门两年之后，于一次饭局上认识了老板娘海豚——她年轻，清新，亦有艳丽奔放的气质，那次饭局后，我俩聊得投缘，遂成朋友。直到现在我还是不明白，这个热爱香水执着于名牌包包的女人，为什么为会开出这般安静迷人的酒吧？

我爱的小酒吧，还有江湖和疆进酒——它们集合了眼下中国最好的民谣艺人演出，随便挑个时间去看，一般不会失望；清华东门的盒子，中国地下电影发源地之一，艺术气息浓郁厚重；三里屯的同里，顶层的露台上，沙子铺了一地，可以光着脚吹着凉风，感受北京天气晴朗时的深沉夜空。

想想，曾有多少青春和光阴挥霍在酒吧和咖啡馆，有多少对话和情谊都抛洒在酒精中，我们任性地雕刻着时光，时光也柔软地雕刻着我们——当年一起玩耍的朋友转眼各奔东西，老胡到武夷山下安了家过上了神仙日子，小S离京奔沪仍然执着于自己的文艺梦，魏星儿结了婚生了娃当起了贤妻良母……而那些失联的友人，你们都还好吗？

漫咖啡的漫、慢、曼

某日，小兄弟李解来京采访两会。拉他和诗人流马一起吃新疆菜，喝二锅头。聊得不过瘾，流马建议转场换地儿，问去哪儿，他俩异口同声——漫咖啡。

啊呀，我才意识到，这家咖啡店已锐不可当。

最早去的是工体店，那店儿真大，房顶儿真高，空旷开阔得叫人难以接受，与传统咖啡馆那种狭小、局促的空间完全背道而驰，身在其中，有种巨大的不适感裹满全身。漫咖啡有宽大厚重的桌台，古典陈旧的灯饰，一览无余的开放式灶台，以及旧工厂风格营造出来的冰冷感……它混合了艺术品商店、图书馆、菜市场、教堂的氛围，又有点儿四不像。

适逢周末，闹哄哄乱成一团，便埋怨组织聚会的景大师："景老恁咋就不能找个清静的地儿？"

景大师哈哈一笑："陈老，你可是混过夜店的人呐！"

一句话将我噎个半死。直感叹自己老了老了，老到接受不了新事物，老到害怕噪音渴望清静。

景大师贴心地点了一堆咖啡。我那杯卡布奇诺没尝出什么名堂，它只是一杯咖啡，味道平平无甚特别，但也说不出什么不好。再看别人，都只当饮料喝，无人仔细品味，在这儿似乎没人在意咖啡。

顺便吐槽下国人对咖啡的认知。

即便那些把咖啡英文名字背到滚瓜烂熟，将“tall”“grande”“venti”分得门儿清，每天手执一杯星巴克匆匆走在大北窑的国贸白领，绝大部分还是分不清摩卡和拿铁的区别，夏威夷咖啡和哥伦比亚咖啡有什么不同。对多数人而言，摩卡还是拿铁，都不过是饮料罢了，解渴提神就行，谁管得了那么多。但偏偏有人喜欢显摆饮用咖啡的精髓，诸如“不放糖，加鲜奶”“只喝美式”，仿佛这样喝就贵族，就叫人侧目，让叫嫉妒羡慕。

漫咖啡的水准，究竟还不如COSTA和星巴克有特色，后两家虽同为连锁，亦常常花样翻新，隔段时间就推出新品，且水准通常不算太差，星冰乐多冰啊，辣椒咖啡多辣啊，焦糖玛奇朵多甜啊！

But，漫咖啡有冰淇淋，有松饼，有吃的喝的一大堆。它不只是咖啡馆，它还是餐吧，它还是夜店。你让它是什么，它就是什么。

它家的冰淇淋甜美，松饼香软，许多人不吃午餐或晚餐，直接在这儿解决。既节约时间，又可以填饱肚子。

未有禁烟之前，若是烟民，去二楼抽烟啊。看那烟雾缭绕，看那漫无边际吐烟圈儿的漂亮姑娘。阳光正好，打在她的脸上。

你接着想入非非。

你可以漫。也可以慢。她则很曼，曼妙的曼。

漫咖啡嗖嗖地开起来。去西四环的金源时代，附近有一家；到人民大学校园遛弯儿，看到一家；三环边上的百子湾入口，又开一家……它保持了一贯的风格，大空间，大格局，粗糙的桌面儿，舒适的沙发，墩实的椅子……最近去过双井这家几次，依然喝不出咖啡的味道，依然人满为患。

其实也好理解。比之原来或商务或情调的小咖啡馆儿，它提供了更充足的空间和自由。你可以肆无忌惮地看美女，可以高谈阔论地聊天儿，可以无聊到一个人玩一天手机，更可以抽着小烟儿瘫在沙发上休息。

漫无边际。

慢慢享受时光。

曼妙美女看个够。

漫是随意，曼是美感，而慢则是人生的最佳状态之一，因为慢，方可细细咂摸，方可认真体会，方可感受生活里那些细小却美好的瞬间——像木心说的：

从前的日色变得慢
车，马，邮件都慢
一生只够爱一个人。

大大大大比萨

Several years ago.

One night…

春天刚来，棉衣尚在，小风扑打在脸上，酥痒难耐。冬天的慵懒自动褪去，谈兴浓到收不住，人人脸上洋溢着喜气和兴奋。

四个朋友一起吃乌巢大比萨，喝青岛扎啤，一块又一块，一杯又一杯。吃到面色红润，喝到酒酣耳热。

那比萨真大，像自行车轮胎——它号称“全北京最大的比萨”，敢情还是谦虚了，八成是全世界最大的比萨。

我第一次为西餐的简单随意而倾倒：擀一张大饼子，顺手撒上芝士和各种肉类以及蔬菜，烤十几分钟，端出来就是香喷喷诱人的美味！关键是，刀子叉子用不习惯，索性直接上手拿着吃，一点还不耽误聊天儿！

比萨果真是简单随性之食物，且极具包容之能事——几乎任何蔬菜、任何水果，都可以切碎了当馅料，撒上芝士，丢进烤箱随便一烤了事——面饼和食材的香味全被烤出来，一闻就有食欲。

外省人评论山东人，无外乎“大碗喝酒，大口吃肉”，我不算合格的山东人，只灵活掌握了“大块啃比萨”之技能。

乌巢的氛围，叫人放松，特别是工体那家店，永远热闹，永远人声鼎沸。这儿看不到痛苦的脸，看不到绝望的眼，人人用心吃着，人人欢快聊天。偶尔跟邻座的人对望，亦不觉唐突，四处布满善意。乌巢——名字听起来很黑，环境也不亮堂，但就是热闹，满是那种美国电影里乡村酒吧的粗粝感。

来用餐的顾客，最多的是两类人：一类是同学聚会，清一色的小朋友，中学的、大学的，个个脸蛋儿能掐出水的那种；另一类是家庭派对，青年夫妻带着老人和小孩，和和睦睦其乐融融。

有一种说法是，比萨源自中国，马可·波罗在北方吃了香葱馅饼，深为其味道吸引，一时竟无法忘怀，回国后将做法传授给意大利厨师，不知是大厨笨，还是制作方式复杂……累个半死，也没做出原汁原味的馅饼，不得已，索性将佐料和食材铺在面饼上，一不小心就有了比萨！

这说法虽有点不着边际，亦不无道理。中国人做面饼，堪称世界第一，不但工艺先进，而且技巧娴熟，关中的大锅盔、新疆的烤馕、山东的大煎饼，哪个没点儿绝活……但比萨之发明权所以为意人所得，依我看，无非是我国人民的饮食习惯更倾向于将馅儿裹在面饼里，而不是铺在它表面。

否则，还有意大利人什么事？

如果为比萨设定一个标准，那就是四个字“酥软香脆”，面饼儿应该酥的地方酥，应该软的地方软，食材里应该香的香，应该脆的脆。其他细节也须达标，缺一不可：面饼儿要薄，料要足，火候要适当。

某年春节，两岁多的外甥女来京，带她吃过一次乌巢，再不能忘。于是此后每次来京，都点名要吃大比萨，乌巢则成为我和小外甥女必赴的“饭局”。

刚刚过去的这个春节，又带她去霄云路店，28寸啊，快五岁的女汉子闻到了香味，开心地尖叫。小屁孩儿一把扯下来一块，自顾自开心地吃将起来，那份简单的快乐极具感染力，引得我口水欲滴。

吃烤鸭，又香甜，又残忍

大学舍友旭旭来京，在火车上给我打电话：“带我去……大董……次烤鸭！哥要次烤鸭！”西安娃“吃”和“次”分不太清。

不知这货从哪里听说大董，三天两头在微信群里嚷嚷着吃大董。

我三年前吃过大董，排了半天队，终于要到一只鸭，香味倒是浓郁，肉质也很鲜嫩，鸭皮脆甜可口……可是，与他家有什么区别？便宜坊不是这样子？全聚德不是这味道？既然没区别，为何还要等半天。

从此，再没有去过大董。

还想说，价格于我也是障碍，我可不考虑花两倍乃至更多的价钱去吃相同的东西。

本不爱烤鸭，在此一项上的投入无多，但每年还是要吃一两次。对我而言，吃烤鸭更像一种仪式，在北京生活，一定要吃庆丰包子，光临海碗居炸酱面，品小肠陈卤煮，尝各式烤鸭……说到底，是通过食物这种介质，建立起我与此地的一种关系。假若以后离开北京，人家问我，如何证明你曾在那儿生活过。就可以答：哥吃过这，吃过那，并且熟知其吃法。

十年前初来京，土豪学长李兄请客，到全聚德聚餐，四个人，两个凉菜，两个热菜，一只烤鸭，吃得也算开心，喝得基本尽兴，结账时，八百块！

吓我整整一大跳，这些钱在别处能吃五次好吗？我这么说，许多人大不以为然："开玩笑，你吃的可是全聚德！"

就想问，全聚德怎么了，你尝尝那凉菜，水准还不如街头小馆，你看那热菜，价格是别处三倍，特别是服务员那张脸，竟还泛着一种"冷漠麻木"的国营商店的味道。

当然，也有些地方与国际接了轨，比如服务费，每桌加收15%。

我喜欢较真，从此也没来过全聚德。

好在北京烤鸭多，随处都能找到，价格大多属平民消费，一路吃将开去，还真有一些值得推荐。

比如花家怡园，可以点整只，也可以点半只，在许多店家采用烤箱制作的今天，花家依然坚持果木的原本烤法，殊为难得；又比如太熟悉，平民价格，但工序却道道不减，味道亦是不差，绝不输全聚德多少。

能吃到烤鸭的地方，还有郭林家常菜、大鸭梨、玉林烤鸭店等，在这些店里吃，无心理压力，尽可以放开肚子大快朵颐。它们家的烤鸭是否正宗不敢说，但还都算好吃。比之那些名店的差距，远不如价格大得那般离谱。

还有两家店值得一提，一家是金百万，一家叫天外天，名号都是那种特土特有喜感的店面，菜也是大众熟悉的家常味，但人家把姿态放得低，价定得也实惠，前几年，花38或58就可以来一套烤鸭！片法不如大店那般讲究，味道倒也不算含糊。

最近一次吃烤鸭是在四季民福，这家店做菜的整体水准较高，烤鸭好吃之外，还能点到不少美味菜式。

吃烤鸭讲究的人，对片法要求高。水平高的片鸭师傅，片出的鸭肉，有皮、有肉、有油，层次分明，皮的酥脆、肉的松软、油的肥香全在里面了。小薄饼里包上葱丝、甜面酱、鸭肉，直接放嘴里，嚼一嚼，满口流香。片鸭是技术活，好的师傅，各店疯抢，他们的薪水，拿个万把块根本不在话下。

鸭肉之香，来自肥美，肥美之法，则由“填”得来。

梁实秋先生《雅舍谈吃》介绍：

> 北平苦旱，不是产鸭盛地，惟近在咫尺之通州得运河之便，渠塘交错，特宜畜鸭。佳种皆纯白，野鸭花鸭则非上选。
>
> 鸭自通州运到北平，仍需施以填肥手续。以高粱及其他饲料揉搓成圆条状，较一般香肠热狗为粗，长约四寸许。通州的鸭子师傅抓过一只鸭来，夹在两条腿间，使不得动，用手掰开鸭嘴。以粗长的一根根的食料蘸着水硬行塞入。鸭子要叫都叫不出声，只有眨巴眼的分（份）儿。塞进口中之后，用手紧紧的（地）往下捋鸭的脖子，硬把那一根根的东西挤送到鸭的胃里。
>
> 填进几个之后，眼看着再填就要撑破肚皮，这才松手，把鸭关进一间不见天日的小棚子里。几十百只鸭关在一起，像沙丁鱼，绝无活动余地，只是尽量给予水喝。这样关了若干天，天天扯出来填，非肥不可，故名填鸭。一来鸭子品种好，二来师傅手艺高，所以填鸭为北平所独有。抗战时期在后方有一家餐馆试行填鸭，三分之一死去，没死的虽非骨瘦如柴，也并不很肥，这是我亲眼看到的。鸭一定要肥，肥才嫩。

人类为满足自己的口腹之欲，虐鸭如此，有残忍之嫌，在今天的动物保护者那里，“填鸭”实在是太不人道。如此想想，心里便隐隐觉得惭愧和不忍。

说到这里，忍不住补一句，亦是梁实秋先生讲的：北平烤鸭，名闻中外，在北平不叫烤鸭，叫烧鸭，或烧鸭子，在口语中加一“子”字。原来，现在人们一直讲烤鸭烤鸭，并不是正宗的北京叫法。

且泡一壶茶

近些年，酒吧和咖啡馆泡太多，茶馆倒去得少。究其原因，一是总觉得茶馆是中老年人去的地方，于我等不宜；二来随便要壶茶，都不下上百块，终究非工薪阶层之消费水准。所以每每听成都人说起当地的茶馆，便羡慕不已，十块钱一位，坐一整天，喝一整天。成都人民不客气，把麻将桌搬到茶馆里，喝茶搓麻，哗哗啦啦过日子。

闲情逸致，跟价格大有关系。倘若北京也有许多平民茶馆，谁又会躲在家里吹空调？论宜居，成都在一线城市当中必拔头筹。

记得2008年年底，一个人跑到祖国的大西南旅游，回程时看到从贵州返京的机票太贵，便绕到成都去坐飞机。成都来了，索性待几天，特意挑了一个晴朗的下午去泡茶馆，那茶馆金碧辉煌，豪华奢侈，翻菜单时差点惊掉下巴：最贵的茶竟不过百。待结账时，服务员又说今儿五折。

北京茶馆不少，大都藏得深，消费高，不为人知，即便如我曾做杂志的生活编辑，所知道的茶馆，亦不过少数几家。知名度最高的当数“老舍”，这茶馆弄得跟北京名片似的，但凡老外来中国，吃烤鸭、逛长城、去老舍茶馆，都是必备元素。我路过“老舍”数次，总找不着理由喝这“前门情思大碗茶”，到现在也没有进去。

一家好茶馆，首先要有两个必备条件：其一是要安静，饮茶讲个气氛，喧闹处、拥挤处皆不宜。其二是要雅致，挂幅精致小画，摆个八仙方桌，如再有几棵小树点缀，最最适意；沏茶的姑娘，懂点茶道最佳，只知沏茶，默不作声，总觉有些尴尬，为客人讲点茶知识，交流一下，气氛才算融洽。

按这样的标准找，好茶馆实在不多，有这项，缺那项，无法十全十美。硬件达标尚不难，软件更重要。如老板知茶懂茶，服务人员自然挑得仔细，倘若老板自己不懂，只为一味挣钱，这茶馆水准必然也高不到哪儿去。

某次，老黄邀请几个朋友到梧桐茶馆，在月坛北街的一个小区里，它独门独院，进门顿觉清幽，院内几棵高树更添静谧，立为我喜。夏日炎炎，茶馆里却有股清凉不知从何而来，才觉这正是我寻找中的理想茶馆。

福建籍女老板好客，邀我们品尝她店中的各种好茶，一时茶香满室，引人入胜。喝到晚饭时分，竟有些蒙眬醉意，还以为自己身在武夷山上。

又一次喝茶之最佳经历，是在朋友老娄处。老娄是画家，人脉广，好茶多，泡了他最喜欢的五年藏普洱，置四个大沙发，面对面坐，聊天吹牛。喝到最后，饿到不行，人说普洱“刮油”，果然果然。

如今，在很多人的印象里茶馆更多是一种“局”，就像一些应酬的“饭局”，这种“茶局”“饭局”里少有真正的闲适和真诚的交流，喝茶、吃饭是其次，或者说只是“幌子”，发展人脉、联络感情才是关键。

有个朋友的表姐在亚运村开了个茶楼，包间每天订满。这些客人什么也不干，就待在包间打麻将，而且总有人一直故意输钱给对方，输得越多，得到的好处自然就越多。想想也是，茶馆里发展人脉，是绝佳之地。酒吧或咖啡店，究竟是太喧闹，不宜谈事，又无包间，还易暴露；但到茶馆，只消将包间的门儿一关，想干嘛就干嘛，如果太懒，麻将也不用打，直接塞钱了事。

我最向往的是民国年代的北京茶馆。彼时的茶馆，功能不像现在这般单一，不只可以喝茶，还可以用餐；又不只喝茶用餐，还是社交平台，是信息流通之地，家事国事天下事，不用读报纸，喝壶茶的工夫就全知晓了。茶馆里有众生相，茶馆里有你在书里学不到的知识。

通常，民国的茶馆一大早就开门迎客，喝早茶，吃面点，端的是舒坦。茶馆里三教九流，来往穿梭，有人扯着嗓子说笑，有人低声谈着生意，台上演员评弹说唱，台下茶客熙熙攘攘。

彼时的学者文人，亦多喜欢聚集在茶馆里头，聊社会民生，聊革命民主，聊办刊约稿……你给我介绍新作者，我给你投篇小稿儿。茶喝得多了，自然犯饿，亦不用另找餐馆吃喝，茶馆里全部可以解决。有一段时间读鲁迅，发现他的许多六月，都是泡在茶馆里度过的。

亲情牌

小区门口开了家高级餐厅，短短半年，装修三次，每次都更换招牌。

第一次是主打高档海鲜，装修得像王府一样，门迎穿格格服饰，每有客人至，打揖问安，称“小主吉祥”或“王爷吉祥”。高级是高级，就是没人来，隔着落地玻璃窗，常看到服务员一个劲儿打哈欠。

老板耐不住没生意的寂寞，赶紧推倒重来，改开“川菜馆”，仍然高档，一盘川北凉粉三十块。我都替老板着急，你也不打听打听，就这周边的消费水平，谁家的凉粉敢卖这么贵！

才不到一个月，川菜馆关门，摇身一变成“老王靓汤”，改走亲民路线，白墙，手写菜单，八仙桌，宽板凳，门口还挂了一堆红灯笼。最关键是，价位回到平民消费的水准。

这次改版很成功，一时门庭若市。我们这片居住的，多是普通百姓，对“高档”不买账，就喜欢吃个实惠。再说，“老王靓汤”听着舒服，像街坊邻居开的，亲切、自然。

这打的，其实是亲情牌，平民牌。

想想看，许多老字号，打的也都是亲情牌，一听字号，就觉得亲近，忍不住进去。像“爆肚冯”“豆脑白”“小肠陈”，哪一个不家常，哪一个不亲切。名字取得好，东西也诱人，自然生意兴隆，百年不衰。

武圣路上有家“傻子烧鸡”，出售各种卤味，最拿手是烧鸡，鸡烧得那叫一个美，鲜香入味，嫩滑可口，掰个大鸡腿，来瓶冰啤酒，当是夏天绝美享受。每天下午四点开售，三点就排起长队，队伍里大多是银发的大爷大妈。我有时路过，也凑个热闹，喜欢它家的味道是真，以我小人之心度之，多数人看到“傻子”两个字会开心，有人智商比自己低，心下优越感油然而生，感觉不会受骗似的。

“傻子”也是亲情牌，这名字乐于叫人亲近。

街坊邻居毕竟还是街坊邻居，若上升一层，便是亲友，由此便出现以辈分命名的餐厅。

以平辈命名的，像“老五餐吧”“七哥烤翅”，像“姚大姐快餐”“辣妹子火锅”，称哥称妹称姐的都有，唯独不见称弟的，难道是小弟弟好欺负？

再长一辈，则更为有趣。比如“双流老妈兔头”“余大爷餐厅”“田老师红烧肉”“鱼师傅”……仔细研究会发现，称叔的餐厅不多，是因为叔在长辈里最年轻，最缺少社会经验，最不令人信任？

亲情越来越浓，再往上就到爷爷奶奶辈。又发现，以“外婆”命名的餐厅远比“爷爷奶奶”的多。一般人的生活经验，应该是与爷爷奶奶相处时间多，理应与他们更亲近，可为什么许多餐厅却以“外婆”来命名？

深入又一想，才恍然大悟：日常生活多与爷爷奶奶一起，吃日常饭菜多，偶尔才改善生活；而一去外婆家，就能吃到大鱼大肉等硬菜。呵呵，于是“你看，小孩子最没良心，吃几顿好饭就把爷爷奶奶忘得一干二净”。

与外婆有关的餐厅，还真是多，我随口能说一堆，“外婆屋”“外婆家”“巧外婆”“外婆湾”……总之，外婆叫你吃饭了！

爷爷餐厅也有，但少得可怜，好在奶奶餐厅有几家，多少挣回点面子，比如“阿香婆火锅”“香婆婆”“鸭婆婆”。在建外SOHO

上班时，曾去“祖母的厨房”吃饭，是家时尚餐厅，跟奶奶没一点关系，吃过一次再也不去了。

几年前，王伟忠与姐姐合作出过一本书，叫《伟忠姐姐的眷村菜》，写他小时候，物质匮乏，妈妈一双巧手，用简单食材给孩子做菜，正是这“妈妈的味道”，给王伟忠以无尽回忆。他与姐姐合作，推出了易包装的眷村美食，一时网络热销。

在我们的肠胃里、记忆里常会有一种食物的美好滋味，历久弥新，它可能是妈妈做的菜，可能是外婆煲的汤，可能出自老姨之手，也可能是姑妈的绝活儿。总之，做这食物的人与自己有一定的血缘关系。打亲情牌的餐馆，或许就是希望你能在餐馆里感受到那位与你有血缘亲情的人的气息，勾起你对他的碎片式记忆。于是，即使孤零零一个人来就餐，也会让你有一种熟悉的感觉，让你隐约感到一种回家吃饭的温暖。

愿上帝保佑爱吃卤煮的男人

来北京后，才知道这世界上有种美味叫卤煮火烧。

初听名字，还以为是某种“用卤煮、用火烧”的小饼子，搞许久才弄明白它的做法：将半发面做成的火烧整个放锅里，和肠、肺一起，用老卤起劲儿地煮，直至煮熟煮透，煮到火烧透而不黏、肠肺烂而不糟。据说，那老卤越是年久，醇香就越是诱人。

我喜欢传统小吃，但对“老卤”说法总有异议，仔细想来，大多是商家招徕顾客的手段，谁家一锅卤水真的可以放上百年？不馊才怪。即便不馊，历经那么多战乱那么多动荡又怎么可能保存下来？

卖卤煮火烧最有名的地儿是小肠陈，百余年之历史老店。我姓陈，当然要去吃。一来本人系“下水狂魔”，二来要支持本家生意。

小肠陈大名鼎鼎，于吃货心目中，乃卤煮界的第一把交椅。南横东街这家店，是货真价实的总店，因在拥挤偏僻的胡同里，除了资深吃货和附近居民，知道的人怕是无多。我来京的第一份工作在附近，才有机会与它亲近。

早在民国，小肠陈就已闻名京师，在天桥、虎坊桥、前门和西单牌楼等繁华地段，都设有摊位，以华北楼戏院门前的那家最是有名。梅兰芳、张君秋、新凤霞等梨园名角，唱罢大戏后，都跑来叫碗卤煮，当消夜吃。一碗卤煮火烧，有肠头、肺片，有火烧，既美味又果腹，由不得各位角儿不喜欢。

我对下水，有天然的好感，肠儿肝儿肚儿，筋头巴脑，皆入吾心。尚记得人在济南时，经常有吃大肠的念想，每每却寻不到同道，万般无奈之下不得不独自前往。

大凡下水，两个人吃是喜悦，一个人吃是寂寞。独自嚼着一段大肠，放任心中的孤独徜徉。

鲁菜中“九转大肠”亦是名菜，可惜很少有餐厅做出正宗味道。

从历史看，北京从来都是鲁菜天下，民国最盛，本地并无像样的大菜。但在小吃方面，却是当仁不让，独树一帜，卤煮火烧无疑是最有特色的食物之一，它与炒肝、豆汁、焦圈一道，形成北京食物的独到魅力。

进到小肠陈，柜台前站着位开票的老头儿，不苟言笑，阴沉着脸，头也不抬，问：“几个菜底，几个饼?”

除此外再不肯多说半句，有性格，又够跩。若有初次登门的顾客问“什么是菜底”，老头儿便不耐烦地瞪着人家，眼神里往外冒寒气，那意思大约是说“连菜底都不懂有何资格来吃我家卤煮”。

拿了小票，交给锅台边忙活的姑娘，但见她从滚烫的锅里，熟练地捞出一段大肠、一小块肺、两个火烧，就用手摁着那热气腾腾的滚烫食材，快刀斩乱麻一般切巴切巴，丢进碗里，浇上汤汁，一碗卤煮即成。

店面狭小，六七张桌子，坐不了多少人，因而常常显得拥挤不堪。地面则又脏又乱，扔满了纸巾和筷子的塑料包装，卫生无从谈起，但门口还是一直排着长队。排队的永远是两种人：一是吃惯了这口的老北京，一是慕名而至的外地游客。

排队也值，因为好吃!

那饼子厚实筋道，有嚼头；那大肠，肥得流油，香不可抑。我对肺头无感，咬起来总觉怪怪的。又因为是密集症患者，看到上面那许多小孔，更不忍卒吃。后来再去，索性就不要肺头。

根据个人喜好，可以加香菜、醋、辣酱调味。桌子上放着大蒜，卤煮与大蒜是绝配，搭配着吃，妙不可言。

后来离开南城，吃小肠陈的机会甚少。但只要路过，还是会特意转进店里。

吃着吃着就发现一个问题：去小肠陈的顾客，基本上都是男人，偶有女性，亦是外地游客居多。我就想，这卤煮火烧，粗犷豪放，阳刚猛烈，味道浓重，还真是更适合男性之食物，如果卤煮是尤其适合男人组局成宴的美食，那么，就请上帝保佑爱吃卤煮的男人，让这美味永远存续，叫他们爱情圆满。

没一起吃过饭，友谊如何经得起考验

粗略算一下，我换过的工作单位，有八九十来个，同事自然比别人多一些，有些同事发展成朋友，有些朋友发展成饭友。我一直认为，能够在一起吃饭的朋友——酒肉朋友——才是交友之最高境界。

任你们关系再铁，感情再好，没在一起吃过几次饭，怎好意思说是朋友。

古人云“同学为朋，同志为友”，我想说“同吃为朋，同喝为友”，吃吃喝喝之间，感情自然升华，想不当朋友也难。

这不是瞎掰。翻看鲁迅的吃饭记录，但凡关系良好的铁哥们儿，都是常在一起吃饭的，如许寿裳、齐寿山、陈师曾、郁达夫等人，但凡后来翻脸的，都是没吃过几次饭的，如胡适、顾颉刚一类。

大约2006年，几个常一起吃饭的朋友，根据形势需要，认为有必要成立一个与吃相关的组织。由是，“饭友团”应运而生，不弄那些虚头巴脑的东西粉饰，本组织宗旨浓缩成一个字——吃！

为表明它是一个正儿八经的组织，特别制定了两条章程：一、每周至少聚一次，必要时两到三次；二、积极发展新会员，帅哥美女优先。

然后做了简要分工，我来发掘餐厅，谦谦负责组织活动，大路审批新会员，小白做饭后总结……饭友团的成立，是吃喝史上的一件大事——这跟当年的地下工作者历尽千辛万苦联系上党的意义是一样一样的：终于找到组织啦！

自此，开启南征北战之吃喝史。

每俟周末，一群人欢呼雀跃，先在QQ群里交流，确定餐厅，而后一起杀往目的地，大快朵颐。六七年下来，业绩堪称辉煌：城中稍有名气之餐厅，皆为我等“践踏”：东边吃到定福庄，西边吃到五棵松，南城吃到刘家窑，北城吃遍大望京。

所到之处，杯盘狼藉，不忍目睹。

饭友团诸成员，来自各个行业、各条战线，既有理工达人，又有文科才子；既有才华出众的设计师伉俪，又有苗条婀娜的艺术杂志编辑；既有留洋归来的女博士，又有吃遍京郊各处农家乐的土包子……各人见识之多寡，形成有效之互补，话题自然多，常常从天上聊到地下，从欧洲聊到村里，从创意聊到选美。

由此，饭局便不只是饭局，也是了解世界之途径，开阔眼界之方式。与君一顿饭，胜读两本书。

饭友团队伍越来越壮大，有更多年轻人要求加入，为保证组织健康成长，加入之条件亦愈加严苛：一要漂亮好看，二要单身男女。

有人不解，又不是相亲，为何提这等条件？

吃饭是开心事，有美女帅哥自然赏心悦目；已婚者事务繁杂，参加聚会易迟到早退，或者干脆不来，大大扯了组织后腿，不利于组织长期健康发展。

饭友团成立两周年时，也达到它发展的全盛时期：数数成员，足有十五人之多，七男八女，每次吃饭须占据餐厅里最大的那张桌子。

但成员多了也有问题：人心易散，队伍不好带了，便有人三天打鱼两天晒网。

由此，组织决定，年终时根据各成员表现，综合考量，对那些“吃饭不积极，思想有问题”的，要及时清理出饭友团队伍。

饭友团众成员，来自五湖四海，口味千差万别，挑选餐馆便成大难题，为满足大家的不同需求，我们采用的方法是：首先，挨个儿吃成员的家乡菜，大家都觉得好的，列入常去餐厅名单；其次，去城中新潮之餐厅，都年轻，爱追逐潮流，城中哪个最火，自然也要紧跟，从面酷到红色经典，从黑暗料理到站点比萨，一个都不错过；最后，综合各消费网站及杂志，列出餐厅TOP10，一家家吃来，根据实际感受，不断调整TOP10之内容。

这个伟大而光荣的组织，一直存续到2012年。

先是四五个成员去了外地工作，后又有几位成家立业，还有出国留学的……饭友团被迫关停。

为纪念该组织的倒掉，留在北京的几个成员决定再成立另一组织，取名“新饭友团”。

辑四　孤独美食家

真正的美食家都是孤独的——孤独让味觉变得敏感而又真切，内心丰盈充实的感受被无限放大，为诗则为名句，为文则为名篇，为菜则为名吃。

美食家从食物中获得灵感，食物又让美食家解放了心灵——人与食物的关系中，最重要的不是吃，而是用心体会。

千利休：唯有以美而生之人，能以美而死

1591年4月21日。雨。

这天，千利休以切腹的方式，完成了自我的救赎。

史上最伟大的茶人，手执一柄短刀，决绝地刺向身体。立刻，鲜红晕染了袍子，身下流成一摊血泊，那发生在时光长河里的简短一瞬，自此定格为永恒。

像历史上那些最具悲剧性色彩的布道者一样，他用生命换取了对信仰的追求。

电影《寻找千利休》里的这个镜头，将极致的悲壮之美推向高潮。

恰如冈苍天心所言："唯有以美而生之人，能以美而死，如此他们此生其他的时刻，尽是高雅动人。"

茶于千利休而言，早已不再是茶，不再是那盈盈的一碗绿沫，而是他通向精神世界的途径，是他寻求"道"的工具。

他不惜用生命殉了自己的道。

一

茶本产自中国，初时作为药用，后来才是饮品。

有唐一代，经陆羽等人的推广，茶从原始粗糙的状态中解放出来，成为精致生活的组成部分，得以大发展。

禅亦是中国特产，是佛教本地化的结果，漂洋过海之后，却与

茶发生了奇妙的化学反应，生成“茶道”。孙机先生考证说，中国古代文献里虽也有“茶道”这个词，其含义却相当于茶艺或茶事，有别于日本所称“茶道”。

中国茶在发展过程中，其实也曾有机会与禅亲密接触。初时，禅僧坐禅需要凝神屏虑，以求达到无欲无念无喜无忧之境界，为防止未入禅定先坠梦中的情形发生，便饮茶提神，借茶保持清醒的状态。禅僧饮茶有一定的程序和讲究，但随着禅宗的发展，愈来愈不重视坐禅，而更注重随缘任运，饥则吃饭，困则睡觉，禅坐功夫抛到一边，更不将饮茶当作一回事了。

东瀛人饮茶，自唐输入，彼时仅在大内辟有茶园，唯皇室或贵族才有机会饮用，与一般百姓并没有丁点儿关系。直到12世纪，入宋求法的荣西法师带回茶种，饮茶才得以在大众中推广，不过荣西法师看重的，仍然是茶的医疗保健作用，将茶当成治病之药。

此后，饮茶在日本兴盛发展，初在禅院流行，之后推及公家（僧侣神官）和武家（武士阶层），举办茶会成为一时风气。当时之茶会，因其极尽奢侈豪华，普遍被认为是一种败坏风气的行为。

村田珠光的出现改变了这一现象。作为主持茶会的上座茶人，他把寺院茶礼、民间的“茶寄合”和贵族书院的台子茶相结合，并注入禅的精神，排除一切豪华陈设，而形成了朴素的草庵茶风，“茶道”由此而生，村田珠光亦被尊为日本茶道的开山鼻祖。

村田珠光从饮茶中悟出“道”，千利休则将茶道形成完整的体系。

二

说日本茶道，千利休是注定无法绕过的人物。

他出身于一个咸鱼商家庭，生活富足，自幼喜欢茶道，17岁时拜北向道陈为师，之后转投到武野绍鸥门下，因擅茶汤获“战国三杰”之一织田信长的赏识，成为其茶头，织田信长死后，转投另一位风云人物丰臣秀吉的门下。正是与秀吉的“合作”，令其地位突飞猛进，成为天下第一茶人。

千利休在前辈茶人的思想基础上，将茶与禅结合得更为紧密，并将“侘茶”进一步发扬光大，成为茶道文化的集大成者。他在《南方录》中解释说：“侘之本意，是表现清洁无垢的佛教世界。从露地到草庵，拂去尘垢，客主坦诚相交，不必就其规矩尺寸、方式方法。草庵茶就是起火、烧水、点茶、喝茶等，别无它样。”

孙机先生说，侘的含义颇不易界定，简言之，侘就是扬弃俗物，而从禅悦的无相了悟中寻求毫无造作的清寂之美。

千利休这种以隐逸思想为背景的茶会，与早前流行的书院式茶会相反，一扫豪华奢靡的风气，转向质朴自然，强调内在意蕴，使茶彻底摆脱了饮料的身份，而变成求“道”的手段。

所谓茶道，就是借助于茶寻求禅之精神的过程，是修行的过程。

千利休的茶道精神，人们推崇“和静清寂”四字，但此四字却并不见于千利休时代的文献，那它真的是千利休提出来的吗？

关于此四字的解释，亦是五花八门，叫我竟不知信谁为好。

后人许多关于茶道的论述，很容易坠入过度解释的牢笼，事实上真的这样复杂吗？

身为禅宗弟子，一个透彻的开悟者，千利休应该相信“直指本心”的力量。

静下心来，细细读他的这首诗，或许会对茶道有新的认知：

先把水烧开，
再加进茶叶，
然后用适当的方式喝茶，
那就是你所需要知道的一切，

除此之外，茶一无所有。

三

千利休一生，两次与权力结合。权力助他登上峰巅，也将他推向悬崖，正所谓“成也萧何，败也萧何”。

第一次是投到织田信长门下。

电影《寻找千利休》里有这样一个场景：织田信长召集茶会，别人献上名贵刁钻的器物，千利休却端上一普通漆盒，他将漆盒里注入清水，置于月夜之下，圆月倒影水中，与漆盒上的远山飞鸟一起波光鳞动，立时惊艳众人。

信长将其招至麾下，予以重用，利休被擢升为茶头，代替国家行使茶礼。

第二次是投到丰臣秀吉门下。

丰臣秀吉借用茶道的力量，以稳固自己的权力和影响；千利休则借助于权力的力量，使自己成为最有号召力的天下第一茶人。

1585年，秀吉举办了一场宫内茶会，利休则是此次茶会的主持人。

在这次茶会上，秀吉动用了最精美最名贵的茶器，亲自为天皇点茶。秀吉借此确立了名正言顺的“关白”地位，昭告天下自己再也不是乡下的那个穷小子，而是天下最具权势的霸主；利休也获得天皇所赐法号“利休”，此前他一直被世人称为千宗易。

两年后的北野大茶会，是秀吉和利休的巅峰之作。

茶会前，秀吉提前发布文告：于10月1日至10日举行十天的大茶会，只要热爱茶道，无论武士、商人、百姓，只需携茶釜（茶具一种，煮水的壶）一只、水瓶一个、饮料一种，即可参加。没有茶，拿米粉糊代替也无妨。亦不必担心没有茶室，只需在松林中铺两三张榻榻米即可，没有榻榻米，用一般草席也可以，可以自由选择茶席的位置。除日本人外，爱好茶道的中国人也可出席。无论何人，只要光临秀吉的茶席，均可以喝到秀吉亲自点的茶。

文告一出，应者云集， 在茶会当天，茶席一个接一个，达到八百之多，一时热闹无两。

此次北野大茶会，亦成为茶道史上仅此一见的盛会。

主持北野大茶会的千利休，就此确立“天下第一茶人”的地位，再也无人撼动。

但丰臣秀吉和千利休注定是两种人，一个是充满野心的政治家，一个是恬淡从容的茶人，当茶道有违政治需求时，矛盾自然不可避免了。

利休虽是才华横溢的茶人，但他性格里也有倔强、傲慢的一面。

当权者冲撞他的茶道时，他断断也不会再忍。

四

关于千利休惹恼丰臣秀吉而被令切腹的原因，说法不一。

有说是他与丰臣秀吉对于茶道认知的差异所致，秀吉是苦孩子出身，一旦掌权便追求名贵奢侈的茶道，贪婪地追求各种珍贵茶器，并建造黄金茶屋；而千利休追求淡泊自然、古朴稚拙之风格，且茶名日盛，大有压倒秀吉之势。

有说起于利休为京都大德寺捐献的山门金毛阁，大德寺为感谢施主，在金毛阁上安置了一座利休的木像，身穿袈裟，脚踏草鞋。结果激怒秀吉：难道每个过山门的人都要从你的草鞋下通过吗?

也有说利休的敌人利用他与秀吉之间嫌隙，中伤他涉及一件毒害秀吉的阴谋：他将在茶里下毒送给秀吉饮用。

更有说是秀吉将利休的高徒山上宗二斩首，又想将利休的女儿纳为妾室，利休因此与秀吉不和，处处刻意做出一些激怒秀吉的行为，导致最后被下令切腹。

不管怎样，利休终死于秀吉的命令之下。而秀吉下令利休自杀的同时，却也将自己钉到了耻辱柱上不得动弹。

> 利休切腹之时，口颂辞世之句：永恒之剑，吾之佳宾，刺祖杀佛，开汝之路。

《茶之书》上说，“脸上兀自带着微笑，利休就这样踏上了未知之路”。

五

《茶之书》中有一个小故事：

千利休的儿子绍安打扫洗刷完茶室的庭径之后报告父亲。利休认为不够干净，吩咐他再打扫一次。

一个多小时之后，绍安再次禀告：“父亲大人，已经没有东西好清理的了，小径已经刷洗了三次，石灯笼跟树梢上都洒了水，苔藓和地衣看起来都生气勃勃，洋溢生机；哪怕是一根小树枝，或者是一片落叶，都不能在地上找到。”

千利休听了忍不住呵斥儿子：“蠢货，庭径可不是这样扫的。”

于是走入庭中，抓住一棵树干摇将起来，院内顿时洒满红黄落叶，片片皆是秋之锦缎！

六

茶道亦不仅仅是“道”，它还是审美，是情趣，是生命体悟的过程。

茶道影响了日本人的思想，更影响了日本人的文化。

著名作家川端康成有天在旅馆里半夜醒来，忽然发现桌上插的海棠花正艳丽地盛开，他大吃一惊：在我沉睡的时候，海棠未眠，竟然寂寞地开着。

这是顿悟的美感。

茶道从茶出发，及于世间一切，日本的建筑、美食、文化、器物，莫不受其影响，日本文化借由茶道发展，形成独特的审美风格。

所以，我们不难理解日本文学作品中的唯美，不难理解MUJI设计里透露的极简主义，不难理解日式料理的精致之至……这都是一杯杯茶里喝出来的。

当然，仅仅喝茶是不够的。

他大概是这世界上最会做菜的男人了

戈登·拉姆齐
世界上最著名的主厨，没有之一
他厨艺精湛，是畅销书作家，著有烹饪书数十部
每本书可以为他挣到百万英镑
他拥有28间餐厅，获得14颗米其林星
年利润高达一亿英镑
他主持的节目，风靡欧美
只这一项，让他年收入再增200万英镑
……

偶然的机会，在网上翻到戈登·拉姆齐的节目“终极烹饪教程”，一看就爱上，欲罢不能。每天深夜，看得津津有味，口水不由上涌……自虐成了习惯，不看还睡不着。

戈登·拉姆齐做菜，有点出神入化的意思，不管多平凡的食材，经他的巧手加工，就会变幻出意料不到的花样，他动作利索，语速极快，三言两语，将做菜的过程讲得透彻，极具操作性，任何厨房生手看了他的教程都想要一试身手，我有几次看得冲动，直接冲向灶台，做道菜出来。

那种学了一门新手艺急于向人炫技的感觉，读者诸君可否了解？

拉姆齐出身于苏格兰的工人家庭，曾是一名足球运动员，19岁时，因膝盖受伤被迫告别足球，与此同时，相爱的姑娘也离他而去。黯然神伤的拉姆齐迅速收拾心情，转移战场，开始步入厨师这一行，凭借天分与不屈的努力，2001年，他成为当时英国三位获得“米其林三星”称号的主厨之一。

这个故事告诉我们，在某一行业内表现平庸，或者难以在某一行业继续发展时，不妨换个角度思考人生，重新出发。有人可以通过足球成为巨星，有人亦可以通过做饭成就事业。

其后，他因广受欢迎的电视真人秀节目而为人熟知，但这家伙脾气火爆，不近人情，动辄粗口，哪料电视观众却甚爱这一套，戈登·拉姆齐的真性情和充满争议的表现——让他成为厨师界的网红。

“地狱厨房”原本是英国的一档选秀节目，后被美国FOX电视台买去，美国版“地狱厨房”于2005年正式开播。

拉姆齐在节目上展现出魔鬼导师的风格，面对选手们糟糕的黑暗料理，他经常出口伤人，动辄爆粗，“滚出这一行”，“你根本不是这块料”，面对这位严苛的导师，选手们的表现也极为真实，要么战战兢兢，要么恼羞成怒，这哪是美食节目，完全是一场酣畅淋漓的骂战啊。

So，才够好看。

格登·拉姆齐经常像使唤骡子一样对待选手，可怜的选手们经常给弄得手足无措。比如，有位选手一颗蚕豆没剥开，他就会大叫：“你真是蠢货啊！克里斯！”有位选手切菜稍微慢点儿，他有会瞪着眼睛说：“真希望你没有那双手！”

在格登·拉姆齐严格要求下，选手进步也甚明显，这也是节目的看点之一。

不过，骂也不是白挨的，节目中最后获胜的选手，将获得价值200万美元的“地狱厨房”所有权，还有机会和拉姆齐一起经营餐厅。

我总觉得，真实的拉姆齐并没有那么凶神恶煞，节目所呈现的样子，实是配合收视的需要罢了——现在观众多难伺候啊，光看做菜有毛意思！

不信你看，在“终极烹饪教程”里，拉姆齐完全变成了另外一个人：耐心、细致、温和、绅士、彬彬有礼，他在灶台上熟练地操弄各种食材，那份自信与坦然，俨然是自己美食王国里的国王。他游刃有余地控制着一切，从不出任何纰漏。

星爷电影《食神》里有一段台词，语气夸张，经典搞笑，但用来形容拉姆齐也并无太多不妥：他可以把神赐给人类的火，运用得出神入化，烧出堪称火之艺术的超级菜式，他究竟是神仙的化身？还是地狱的使者？没人知道，但是可以肯定，每个人都给他一个称号——食神！

真正的食神是怎样的？我以为，他既能做出精致复杂的高级料理，又能做出简单可口的日常饭菜；既让自己的菜品拥有强烈的个性，又可以广纳百家所长为我所用。

无疑，拉姆齐做到了。

难以下咽的糖炒栗子

古人爱栗，尤其文人，爱得死去活来的，不在少数。

有人把栗子当成治病良药，有人把栗子当成消磨时光的法宝，有人从栗子中获得灵感和趣味……有人从栗子里体悟家国情怀，宣泄思乡之苦。

单说这栗，于世间诸种食材之中，也并不算新奇出众。

看它外形，貌不惊人，圆不溜丢，品它果实，却是绵沙可喜，香中微甜，不过，口感与山药、地瓜、绿豆等食材又没有太大区别。

既然如此，古人为何还这般“死皮赖脸”地爱栗？

一

关于栗子最为著名的故事，记录在陆游的《老学庵笔记》里。

北宋都城汴京有一个叫李和儿的，是城中炒栗高手，李和儿之炒栗，因为好吃，广为传诵，众多商户皆欲学之，终不得要领。后来汴京失陷于金人之手，李和儿被掳到北京，日夜思念故国，以泪洗面，却是求归无门。

后有南宋使臣到北京，李和儿带着好多炒栗献于使臣，言明自己便是昔时东京李和儿，说罢洒泪当场。

在此境况之下，使臣又怎能不动容？含着泪花剥开一颗糖炒栗子，心里却是无法言说的酸楚。

此时此刻，嘴里吃的哪还是栗子，分明是故国情怀，分明是思乡之心，分明是有家不能回的苦痛……怔怔地望向汴京的方向，眼睛早已模糊。

使臣也跟着抹泪儿，人在燕京，目之所及，还有千千万万的李和儿。

几百年后，却因为周作人，李和儿的故事再被人们提起。

“七七”事变后，周作人未随北大南迁，留在了北平。待后来，终于与日本人合作，被唾骂成人人得而诛之的“汉奸”。细细想来，一介文人，无枪无弹，选择合作，亦有内心的无限隐衷，但事实既成，汉奸的帽子也断难摘下了。

或者心有不甘，还是要为自己辩解一番，于是便有了那首著名的诗：

燕山柳色太凄迷，话到家园一泪垂。
长向行人供炒栗，伤心最是李和儿。

以李和儿自喻，正是周作人矛盾心情的最佳写照。他有故国之思，他有满腹惆怅，他对日本人不满，他对命运有抱怨……当然难以掩饰那一丝隐藏的辩解：身无缚鸡之力，只得屈从于现实，就像李和儿一样，做了侵略者铁蹄下的顺民。但心儿依然向着故国。

周作人的这一把栗子，也真是难以下咽。

二

最近查资料，发现古代文人最爱的食材，竹笋是其一，竹在传统文化里，挺拔苍翠，品行高洁；莲子与藕亦算其一，莲是花中之君子，中通外直，不蔓不枝。

要说这栗子，还真想不出与品行高洁有半毛钱关系。

又或者，古人爱的就是它这份憨厚可爱，敦朴踏实。

爱食栗的名人，首推东坡的弟弟苏辙苏子由先生，时不时提起栗子，叫人感觉栗子在他生命里占了很大的分量。

他也懂享受。

炉子上煎着茶，一边吃梨和栗子，一边读史书。糖炒栗子大约是北宋末年的产物，苏二先生未必有机会吃得上。他可能曾经吃过煮栗子，但最经常食用的方法，却是生吃。

在苏二先生这儿，栗子不只是可口的食物，更是治病的药物。

著名医药学家孙思邈称板栗为“肾之果”，《千金方》中有载：“栗子，味咸温，无毒。主益气，厚肠胃，补肾气，令人耐饥，生食之，甚治之腰脚不遂。”腰脚者，腰与脚也，代指体力，腰脚病，也就是指体力弱。

苏二先生坚信栗子可以治他的病。所以，“入口锵呜初未熟，低头咀嚼不容忙。来客为说晨兴晚，三咽徐收白玉浆”。细嚼慢咽，嚼出浆汁，充分吸收之。

我没生吃过栗子，不懂此中趣味。度娘了一下，有人说“甘甜微涩”，弄得我也想试试。

苏辙这般爱栗子，不知道与东坡先生交流过没有，身为史上最著名的美食家，似乎没看到过东坡有关于栗子的描述。又或者栗子是他的死穴？

以陆游描述的“故都李和炒栗，名闻四方”来看，食栗已是当时普遍的民间活动，自李和以降，北京的糖炒栗子也盛行起来，以至于今日。据陈平原先生考证，有清一代，学者赵翼和郝懿行都有关于糖炒栗子的记载。

郝文中有“余幼时自塾晚归，闻街头唤炒栗声，舌本流津，买之盈袖，恣意咀嚼”，由此知清朝糖炒栗子已为流行的大众食物，街头遍布。

三

栗子以糖炒最佳，但又不唯糖炒。

栗子可以入菜，比如栗子炒鸡，又或者栗子炖鸡……还可以做成点心，谓之“栗粉糕”。

邓云乡先生讲过另一种吃法，那就是“卤煮五香栗子”：把每个栗子用刀切个十字，然后加盐、花椒、大料等煮熟，“剥来下酒，可谓滋味无穷”，哎呀呀，真真想要立马做这五香栗子了。

四

在静安中心上班时，对面的燕丰商场一角，辟给“秋栗满”，每日里只见白烟滚滚，机器手在炒锅里翻动，黑砂和栗子上上下下，油润起劲。只是这机器炒栗只能算半自动化，仍需人工配合，放糖的多少，炒栗的火候，这都是栗子好坏的关键。

这家栗大，好剥，美味，引得周边居民纷纷来购，从早上一开张就排长队，即便大冬天里也如此。

北京最好的是“良乡栗子”，而事实上，这栗子却来自京南的河北固安，因人们习惯认为干鲜果品由良乡产者居多，便统称为良乡栗子了。

东坡不肉

我常去的劲松，有家眉州东坡酒楼。我对眉州有好感，因其是东坡故乡；我对东坡更向往，因其有锦绣诗篇，过人才情，豁达天性。近几年，好多孤单乏味的日子，都是东坡陪我：习字时，研究他的书法；沉寂时，朗读他的诗句；无趣时，翻阅他的传记。

想想，店家还真是懂得做生意，懂得抓顾客心理，我等东坡脑残粉，路过这店，岂有不吃之理？

每次去眉州东坡，必点菜当然是“东坡肘子”，肥而不腻，烂而不柴，鲜香可口，算是美味。

但我细究，这菜的做法，必非自苏轼亲传，实因它摆盘精美，刀工细致，过于讲究，东坡发明“东坡肉”这一名菜时，身居黄州，生活困顿，家用有限，断不会做出如此精美、摆盘这般讲究的菜肴——但由他亲自制作的“东坡肉”，味道也一定不比眉州东坡这道差……《猪肉颂》有云：净洗铛，少着水，柴头罨烟焰不起。待它自熟莫催它，火候足时它自美。小火慢炖，香味浸透，肉质松软，难怪要“早晨起来打两碗”……得是怎样的美味佳肴，可以让大文豪冒着血压升高的危险，一口气吃上两碗？

东坡之为美食家，至关重要的一点，是他每至一地，皆能发挥就地取材之精神，充分利用本地物产，将那些普通至极的食材，做成诱人的料理。此地有笋，咱就烧笋，此地有鱼，咱就蒸鱼，此地啥也没有，咱就到山上挖点野菜。东坡进到厨房，完全是姜太公钓鱼时的姿态，从容不迫，心无杂念，凭功力和融会贯通之技巧，就能做出一桌好菜。

一代学人领袖，风华卓绝才子，在厨房里切菜挥铲，指点江山，颇有“治大国若烹小鲜”的风范。仅凭这点，便已让多少矫揉造作的“美食家”忘尘莫及。

东坡所以发明“东坡肉”，是因为黄州人不爱吃猪肉，因而价钱便宜。别人弃之如敝屣，在他眼里却是宝贝。东坡认为，猪肉虽是普通至极的食材，却也是不可多得的美味。稍一加工，便甚可口。

黄州紧临长江，鱼为极普通之物，黄州又盛产竹，美味的竹笋遍地皆是，所以，在苏轼的菜谱里，鱼和竹笋亦是最常见之食材。“长江绕郭知鱼美，好竹连山觉笋香”，可惜他老人家只说是好吃，但没记录下菜谱和具体做法，令我等脑残粉无法尝试，还原诗人当年在黄州的佳肴。

东坡与人交往，自称“上可陪玉皇大帝，下可陪卑田院乞儿”，管你是玉帝老儿，还是乞丐流浪汉，咱都可以和你聊天交朋友。而他对待食材，亦无亲疏远近之分，上下高低之别，万物与众生，一律平等，皆有其存在之价值。

东坡肉之外，苏轼又发明一道汤菜，曰“东坡羹”：这道汤菜专为穷人而做，其所使用的食材，都是最便宜最常见的，但营养和味道却一点不差，极有推广之必要。做法是：将白菜或萝卜或荠菜冲洗干净，去除苦汁，然后把菜、米与水放入锅内，加生米为糁，放少量生姜，煮烂可食。这道菜羹不使用鱼肉五味，而自然甘美可口。它不但起到食疗作用，更可以开心暖胃。倘若寒冷冬日，来一碗热气腾腾的“东坡羹”，人生夫复何求？

东坡爱吃肉，但从不亲自杀生，如此习惯源于幼时母亲程夫人之教育。待到黄州之后，他更进一步，甚至微小如蟹蛤之类，也不要杀。有这个决定，则系此前乌台诗案得出的启示。当他被关在御史台狱中，犹如“待宰之鸡”，惶惶然不知命运会走向何方，心下

东坡与人交往，自称『上可陪玉皇大帝，下可陪卑田院乞儿』，管你是玉帝老儿，还是乞丐流浪汉，咱都可以和你聊天扯淡交朋友。而他对待食材，亦无亲疏远近之分，上下高低之别，万物与众生，一律平等，皆有其存在之价值。

独家食谱之扁豆焖面

主料：扁豆250g、五花肉适量、宽面条500g

配料：葱、姜、蒜、食用油、黄酒、酱油、香油

1. 扁豆洗净，撕去两边的纤维，注意撕得干净。

2. 接着掰成段，如果喜欢，也可以切成丝。

3. 将五花肉切成薄片。

4. 事先在宽面上洒一些食用油，用手轻轻拌匀。

5. 接着在炒锅中倒入少许底油。

6. 油温四五成热时放入葱姜片炝一下锅，放入五花肉片快速翻炒。

7. 肉变色后，倒入黄酒和酱油煸炒，放入扁豆，倒入刚刚没过扁豆的清水。

8. 开锅后留一些底汤，将剩余汤汁倒入小碗备用。

9. 宽面平摊在扁豆上，盖锅盖转小火焖10-15分钟（每五分钟将小碗中的汤汁倒入锅中一些）。

10. 出锅前把用麻油和盐腌过的蒜粒放入，拌匀即可。

那种绝望与凄凉之境遇，实是感同身受。正是乌台诗案的经历让他领悟到，任何生命，皆有被尊重之必要。自此之后，凡有人送他活物，必要放生。深入阅读佛经后，他更觉生命可贵，断无伤害之理，杀生之事绝不能做。他曾写过一首《我哀篮中蛤》，劝人们爱护生命：

我哀篮中蛤，闭口护残汁；
又哀网中鱼，开口吐微湿。
刳肠彼交病，过分我何得；
相逢未寒温，相劝此最急，
不见卢怀慎，烝壶似烝鸭；
坐客皆忍笑，髡然发其幂。
不见王武子，每食刀几赤；
琉璃载烝豚，中有人乳白。
卢公信寒陋，衰发得满帻；
武子虽豪华，未死神已泣。
先生万金璧，护此一蚁缺；
一年如一梦，百岁真过客。
君无废此篇，严诗编杜集。

许多人读了东坡的诗，从此不再吃肉。

东坡到黄州途中，于岐亭偶遇多年前好友陈季常，相见甚欢，因而被邀至陈家做客，陈氏全家杀鸡捉鸭招待。东坡固然欣慰于好友的热情，却觉得因为人类的口腹之欲，要杀掉这些活物，又有些于心不忍。待第二次再去陈家时，他首先声明，千万不要为他杀生。

可见，东坡是肉食主义者，乐于享受世俗的欢愉；但他骨子里又有菩萨心肠，不愿为满足口腹之欲杀生。

事实上，待他晚年被流放到海南之后，吃肉的机会几乎没有了，彼时之海南岛居民，从无务农之习惯，自然无粮食生产，本地人以煮薯芋为食，熬粥饱腹，当地人吃的肉，皆为蜈蚣、老鼠、蝙蝠之类，他自不敢尝试。东坡唯一敢吃的肉食是海鱼，但因其腥味过重，不堪忍受，亦只好作罢。好在小儿子苏过亦承继了父亲的美食天赋，经常变换着花样给老父亲做食物吃，苏过曾弄出一道食物“玉糁羹”，以薯芋为主料制成，东坡吃后，赞不绝口：“香似龙涎仍酽白，味如牛乳更全清。莫将南海金齑脍，轻比东坡玉糁羹。”

我想，这玉糁羹的好吃程度，究竟有限罢，只是诗人乐观的精神，在生存条件恶劣的海岛上又一次发挥了作用而已。想想看，以他垂老投荒，若非心中有着强烈的信念，又怎能活着回到常州？

扫描二维码，可收听本文

不俗又不瘦，天天笋烧肉

古人对春笋之钟爱程度，超出现代人想象。

好多文人，一写诗词文章就要拿笋说事儿，诗中文中只要一出现笋，就好看得很。李后主说“斜托香腮春笋嫩，为谁和泪倚阑干”，你看这笋儿嫩似少女的小脸蛋儿，楚楚可怜；李贺则称“箨落长竿削玉开，君看母笋是龙材”，新竹碧绿青翠，那些大笋都是不凡之材；李商隐感慨“嫩箨香苞初出林，於陵论价重如金”，称颂嫩笋名贵，价值不菲；明代小说家、非著名诗人李昌祺更有“秋波浅浅银灯下，春笋纤纤玉镜前”之句，以春笋为喻，将女性之美描述得淋漓尽致。

到爱吃的文人那儿，这笋简直就是天下第一美味。只要有笋——天空便是晴朗的，世界就是美好的，心情便是愉悦的。

像苏东坡初至黄州，便一个劲儿感叹“长江绕郭知鱼美，好竹连山觉笋香”，他又说“无竹令人俗，无肉使人瘦。人瘦尚可肥，士俗不可医”，想必他在黄州，定是吃过不少次笋烧肉，说顿顿都吃那是修辞手法，但每月至少吃几顿吧，黄州肉贱，竹笋遍地，能为经济紧张的苏家缓解不少压力；李渔则赞之为“至鲜至美之物，蔬食中第一品”，简直无可匹敌，食材之冠了，谁敢争第一老夫就跟谁急；梁实秋则特别写了篇《笋》，老先生深情回忆：“我从小最爱吃的一道菜，就是冬笋炒肉丝，加一点韭黄木耳，临起锅浇一勺绍兴酒，认为那是无上妙品——但是一定要我母亲亲自掌勺。”

仅仅写诗写文赞美哪里够，有人还自己动手下厨了。

在笋面前，文人们早忘了孔夫子“君子远疱厨”的古训，跑在最前面的，就是白居易，你看他这首诗，若非亲自下厨，是断断写不出来的：“置之炊甑中，与饭同时熟。紫箨坼故锦，素肌擘新玉。每日逐加餐，经时不思肉。久为京洛客，此味常不足。”笋菜之法可谓成千上百，白先生独爱蒸食，并因此忘了肉味，绝对算是真爱。

苏东坡自然不甘落后，他对笋之热情，绝非一般人可比，连苦笋都勇敢一尝。苏氏有句云：“久抛松菊犹细事，苦笋江豚那忍说”，那别具风味的苦，与舌尖缠绵的苦，真是叫人怀恋。黄鲁直曾因此调侃他：“公如端为苦笋归，明日青衫诚可脱。”为了吃苦笋，连官都可以不做了。苦笋若知世上有此知音，早就哭成泪人儿了吧?

我一直怀疑，苏东坡发配去黄州，不像是吃苦，反倒是享受生活。尽管薪水微薄，经济紧张，好在黄州物价便宜，又有几十亩田地耕种，日子过得尚算不错。也正是在黄州，他发明了“东坡肉”“东坡羹”“二红饭”等美食，开始酿造蜜酒，且经常有朋友请他吃饭，黄州于他，简直是天上人间。

宋代的赵竹溪亦不遑多让，“笋蕈初萌杞菜纤，燃松自煮供亲严，人间玉食何曾鄙，自是山林滋味甜”。新出的竹笋，燃松煮之，纵使人间多少美味，也比不上它的清新香甜!

这笋，一化为文字，更叫人口水不止了。

笋是百搭菜，堪与任何食材搭配，所以烧制起来也比较轻松容易。除上面的蒸煮二法外，还有更多方法值得尝试，比如油焖春笋、春笋红烧肉、干煸春笋五花肉、韭菜头炒春笋、春笋荠菜炒虾仁，等等。

做汤也是上好的食材啊。褒鸡汤、炖排骨等都不在话下。

一手香烟，一手甜点

鲁迅除了爱喝几口之外，还有两个最大的爱好，一是抽烟，一是吃甜点。

“总也戒不掉”的烟

鲁迅爱抽烟不是什么秘密，但看他的画像或雕塑，常是手执香烟做思考状，更增几分心忧家国天下的情怀，忍不住让人肃然起敬。抽烟的形象，是为他加了分的。与他交往的友人，对他抽烟印象深刻，文字里有许多关于他抽烟的描述，边抽烟边与人谈笑风生，亦是他特色，于烟雾当中，颇有些“谈笑间，樯橹灰飞烟灭”的潇洒气概。

曹聚仁说，每一个和他熟悉的人，都知道他是烟不停手的，一面和客人谈笑，一面烟雾弥漫；工作越忙，烟也抽得越多。

鲁迅抽烟始于何时，无从可考。但至少可以肯定的是，他于日本留学时，已犯有很严重的烟瘾。彼时，清政府向留学生发放的费用，交完学费之后，所剩无几，鲁迅大多都用来买烟了。等到归国之后，他的烟瘾被彻底地发扬光大。

1909年8月，鲁迅自东瀛归国，担任浙江两级师范学校的生理学和化学教员。在此校教书的时候，鲁迅吸卷烟在学校已甚有名，同学和老师都知道。他平日吸的都是强盗牌，极为廉价。这符合他一贯节俭的个性，当然也有经济的原因。

鲁迅那时晚上总睡得很迟，喜欢熬夜，强盗牌香烟和条头糕是他每夜必备。香烟提神，条头糕解饿，因这两种物品，晚上的时光变得舒适而惬意。漫漫长夜，无心睡眠，抽一支烟，吃一口糕点，精神头上来了，读读书，算是很好的享受。

当时，学校的斋夫陈福，每晚在摇寝铃以前替他买好强盗牌香烟和条头糕。

与鲁迅同事的夏丏尊，常去找鲁迅闲谈，每次摇寝铃的时候，他总能看到陈福拿着强盗牌香烟和条头糕来。

鲁迅常向人坦承自己是个烟鬼的事实，在给韦丛芜的信里，他说“仰卧，抽烟，写文章——确是我每天必须做的事情中的三桩事”，假如抽烟也有境界的话，鲁迅已修炼至最高层——生命不息，抽烟不止。

他对烟的喜欢，令初次去他家里拜访的许广平印象深刻：一支完了又一支，中间不用洋火，因为前面的接了后面的，满地都是烟灰、灰尾巴。

到广州之后，许广平为他抽烟方便，常买了烟嘴送他。后来，鲁迅也便养成用烟嘴抽烟的习惯，用烟嘴最直接的好处是，不怕烧了手，烫了嘴。

直到逝世的前一天，他仍然在抽烟，老朋友内山完造对此印象深刻：“那时候，先生坐在台子边的椅子上，右手拿着香烟。但，脸色非常坏，呼吸好像也很困难。”

我们也只能猜测，今生今世，烟是鲁迅的情人，戒不掉，忘不了，只能相伴终生。

鲁迅是一个理性的人物，有极强的意志力，但对烟，他似乎一点办法没有。他对烟的爱，成了他逃不掉的宿命。任谁也能明白，他的健康的损失，他的早逝，跟抽烟显然不无关系。

烟和酒一样，是一种媒介，一种道具，有人借酒来浇胸中块垒，吐露不快；有人借烟来完成思考，形诸文字。倘若只强调它们有害的部分，也不合理。

鲁迅爱抽烟，就像这个人爱听戏、那个人爱打麻将，没有什么分别。只是，烟中含有尼古丁，对身体健康没什么好处就是了。

因鲁迅自己抽烟，他笔下的人物亦不能幸免。

《孤独者》里的魏连殳，《在酒楼上》里的吕纬甫，都是嗜烟者，其实这两个人物的形象，又何尝不是鲁迅某种程度上的自我刻画？他们过着穷困潦倒的生活，一身无处施展的才华，只得借了这迷离的烟雾，暂时求得一丝宽慰。

鲁迅抽烟，从来烟不离手，一支接着一支，一般人抽烟，一天一包足够，但鲁迅抽烟，一天没个三五十支还真不行。有时候，这些烟并不全是抽掉的，许多烟是写作时抽，写得兴起时便给忘了，抽了一半，自燃一半，忘情时烟还会烫了手，甚至烧掉衣服。鲁迅在厦门时，某次因为喝酒太多，回宿舍竟然抽着烟入梦，身上的棉服被引着，烧了一个大洞。即便这样，也没有给他多少教训，该抽的也还是抽。

他对烟的品牌没有特别的爱好，完全视经济条件而定，条件差时，抽便宜的；条件好时，可以抽便宜的，也可以抽贵的。杭州时抽强盗牌，到了北京，抽哈德门、红锡包，到了上海，抽品海牌。他虽嗜烟，但不喜独占，有与人分享的习惯。有一次，有人送他黑猫牌香烟，他转手就和朋友及兄弟分了。在上海时，他自己抽便宜的，招待客人，则用好烟。

鲁迅向来注意抽烟对别人的影响，在公共场合，比如演讲什么的，他一般是去后台或找个没人的地方抽；倘是私人的聚会或家里，他会去开窗子驱散烟雾，或者站得远远地抽。他很能因个人的喜好而顾及别人的感受，这对一个嗜烟者来说，终是难得的。

其实鲁迅也曾下决心戒过烟的，只是没有成功。在北京时因为生病，医生经常加以劝诫，促使他做了戒烟的打算，并付诸实施，但效果并不好，最后的结果也只是“不喝酒少抽烟”而已。

与许广平热恋时的1926年，他从厦门写信给许广平，表示要戒烟的宏愿：“我回忆在北京因节制吸烟之故而令一个人碰钉子的事，心里很难受，觉得脾气实在坏得可以。但不知怎的，我于这一点不知何以自制力竟这么薄弱，总也戒不掉。但愿明年有人管束，得渐渐矫正，并且也甘心被管，不至于再闹脾气的了。”

这封信与其说是在决心戒烟，还不如说是示爱，是鲁迅式的撒娇。

“此地的点心甚好”

鲁迅对甜点颇为喜爱，无论去到哪儿，他都有意尝试一下，不管是在杭州、北京、厦门、广州还是上海，这一习惯始终相随。在鲁迅的日记中，关于他到稻香村购买点心的记录，便有十数次之多，这是名副其实的热爱了。

稻香村是进入京城的第一家“南店北开”的糕点铺。前店后厂，自制各式南味糕点，好看又好吃，深受各方人士的欢迎。鲁迅是浙江人，对江浙风味的稻香村食品自然更加偏爱。

八道湾搬出后，鲁迅每每买了糕点回家，先请母亲挑拣享用，再让朱安挑自己爱吃的，然后才归他自己享用。

与鲁迅对点心的宽容有别，其弟周作人则大为感慨：“我在北京彷徨了十年，终未曾吃到好点心。”

鲁迅去到厦门时，当地的饭菜不对他胃口，便吃点心自我补充，他写信告诉许广平，“此地的点心很好”，只是，令他烦恼的一个问题是，买来的点心无处可放，因厦门蚂蚁太多，随时找上他的点心，最后只得扔了。

跟抽烟一样，鲁迅对点心也并不挑剔，不论什么品种，都会尝一尝。他对点心没什么戒备心，凡到各地，也以品尝当地的点心为乐事。条头糕、饼干、嵌桃麻糕、玫瑰白糖伦教糕……没有什么是不能试的。他不只喜欢中国甜点，对外国点心也一样向往，他也去北京东城的法国点心铺，买蛋糕过过瘾。

某次有人带给他河南的特产柿霜糖，他立马爱上了这特产，频频在日记和作品里提起。鲁迅还把柿霜糖当成珍贵的待客之物，某次用它招待一河南籍高姓女士，以为人家会夸上一番，哪知高女士见多不怪，未当稀罕物，还告诉他，这个是河南汜水出产的，他这才想起对方是河南人，便自嘲“请河南人吃几片柿霜糖，正如请我喝一小杯黄酒一样，真可谓‘其愚不可及也’”。

大约是太爱点心之故，鲁迅的牙齿很不好，他的日记里便有数次看牙病的记录。

“我们都是马二先生”，很馋

鲁迅大方地承认自己馋，在美食面前，他一点儿都不扭捏。

他曾对曹聚仁说：“我们都是马二先生，吴敬梓写马二先生那么馋，吴敬梓自己一定很馋的。”马二先生是《儒林外史》中的人物，对吃别有一番研究。而鲁迅自己，也一样有研究，比如《在酒楼上》里的那句“酒味十分正；油豆腐也煮得好，可惜辣酱太淡薄”，便是他于食物的精彩见解。鲁迅喜欢的下酒菜，是茴香豆、冻肉、油豆腐、青鱼干，这四种小菜，对他可是永久的蛊惑。

小菜味美，海鲜亦是所爱，鲁迅亦对蟹情有独钟，其日记里就有数次吃蟹的记录。但北京不比江南，此地不产蟹，自然属贵重之物，吃蟹的机会不比南方，但只要争取，机会自然也会有的，民谚有云：机会只偏爱那些有准备的头脑。比如，遇老友齐寿山请客，菜中有蟹，自然要多吃几只，吃爽了，喝爽了，兴奋了，回家时夜色已深；比如，星期天无事，到集市上买蟹自己煮来吃，过过嘴瘾。

除了蟹，鲁迅还爱吃山药，山药是好东西，不但可以当主食，更可以增强人体免疫力，益心安神，宁咳定喘，延缓衰老，鲁迅有胃病，吃上一碗山药粥，实在是最好不过的食物。

鲁迅是浙江人，火腿亦是其至爱之一，凡熟悉鲁迅的朋友，如果在家里招待他，都会使用金华火腿做菜，满足他这个嗜好。曹聚仁的夫人王春翠为招待鲁迅，曾特意做了火腿冷碟，而这道菜未引起鲁迅的注意，不免让曹夫人心生惆怅。

与鲁迅相熟的朋友送他礼物时，常有人把火腿送他。他自己也是烹饪火腿的高手，在厦门时，常用火腿做菜。更有传闻说，鲁迅曾于1936年托冯雪峰送火腿给毛泽东，至于这传闻是真是假，当事人都已不在，也无从证明了。

走，跟大先生喝场民国下午茶

爱吃之外，鲁迅还喜欢喝茶，他日记中频频出现喝茶的记述，观音街的青云阁、东安市场的中兴茶楼、中山公园的来今雨轩，都留下过其足迹，去得最多的是青云阁，并非此处有什么特别，主要是顺路，鲁迅刚来京时，住宣武绍兴会馆，先逛琉璃厂，寻几本旧书，再来青云阁喝茶吃饭。

青云阁是个综合性的商场，其中设有若干茶社，其中最著名的一家叫玉壶春，这是鲁迅经常光临的地方。

那时候的茶楼，大多既可以喝茶，也可以品尝各种点心或者面食，因此，懒得吃饭的人，去喝茶的同时，再来份点心或面食，照样可以填饱肚子，感觉类似于现在的餐吧。鲁迅先生点一壶茶，要一份虾仁面合或春卷，省去了专去吃饭的麻烦。

东安市场的中兴茶楼则要更高档些，不只可以喝茶，还能摆酒席请客，兼有酒楼的功能。中兴茶楼因在东城，离得远，鲁迅少去，只是朋友请客的时候才偶尔光顾。

鲁迅喝茶算是频繁的，诸朋友中，许寿裳、刘半农、钱玄同、孙伏园等人都曾有与鲁迅品茗的经历。想来，他与朋友间的聊天，无非是闲谈、叙旧、约稿、交换对时事的看法，等等。

来今雨轩是鲁迅最爱的茶楼之一，他在北京的十余年，多次光临这家茶楼。

1926年8月13日，与齐寿山合译的《小约翰》完稿，便约了几个朋友，到来今雨轩办个小型庆祝会；同年秋，鲁迅离京南下前，朋友们又到来今雨轩为他送别。1929年5月鲁迅回北京省亲，住了不到20天，曾两次到来今雨轩，一次是赴李秉中的婚礼，另一次是赴沉钟社杨晦、冯至等人的宴请。

来今雨轩之所以受欢迎，一是它的地理位置，位于中山公园内，环境极佳；二是它的档次较高，菜也烧得精美。在这家茶楼请客吃饭，也端的有面子。

除来今雨轩外，中山公园还有许多茶座，鲁迅光临的亦不在少数。时人把公园的茶楼茶座当作休息、闲聊、看书、写作、聚会的好地方，许多大小事情便在这里解决，因而，鲁迅来喝茶时，还经常在茶座遇到老朋友，既然是老朋友，就再要一壶茶，继续聊，这一聊，一个下午没了，有时会聊到深夜。

茶叶方面，鲁迅对杭州龙井多有偏爱，也喜欢普洱。

2009年，广东曾做过一次许广平、鲁迅藏清宫普洱茶的拍卖，仅用时五分钟，一块重3克的普洱茶砖拍出12000元的高价。因鲁迅之名，普洱也大升其值，平心而论，这不过是拍卖市场上的一种炒作行为而已。

鲁迅喝茶，决非细斟慢饮的功夫茶，他喜欢大口大口喝，茶要浓，口感要重，他追求饮茶的自然朴实，讨厌把饮茶作为品质生活的装腔作势。因此，他不喜功夫茶，拒绝慢悠悠的鉴赏。

他曾写过《喝茶》一文，并非生活小品，只是借以讽刺某些文人的无病呻吟。

这一点，怕是他和林语堂等人的本质区别了。

在北京时，他爱使用一只有盖的旧式茶杯，泡浓茶；到了上海，改用小壶泡茶，对茶的品质也有了一些讲究，要喝新鲜的好茶，依然很浓。有时候，他还劝许广平也一起喝，正是在上海，许广平学会了喝浓茶。

鲁迅好茶，对洋饮料亦不排斥，他曾喝过几回咖啡，只不过咖啡不是他特别喜欢的饮料罢了。在鲁迅日记中，曾有数次与朋友和同事共饮“加非”的记录，这“加非”，就是现在所说的“咖啡”。

民国之初，经常到咖啡馆里坐坐，大约是非常小资和时髦的行为了。

不来点小酒怎么行

鲁迅的文学作品中，“酒”实在是重要的元素之一，因了酒精的作用，他笔下的人物立马活灵活现起来。

即便阿Q这般贫穷的落魄人物，亦是常常饮些酒的，因此，与之有关的话题和行为，也常在酒店里展开；而形容枯槁的孔乙己一出场，则直接出现在咸亨酒店中：“孔乙己是站着喝酒而穿长衫的唯一的人。他身材很高大；青白脸色，皱纹间时常夹些伤痕；一部乱蓬蓬的花白的胡子。穿的虽然是长衫，可是又脏又破，似乎十多年没有补，也没有洗。他对人说话，总是满口之乎者也，教人半懂不懂的。”其迂腐之态，跃然纸上；而近乎写实性质的小说《在酒楼上》，整个故事都在酒楼上展开，酒入愁肠，自然成了倾诉情感的最佳道具。

酒之于鲁迅，是成长中深刻的记忆。他的家乡绍兴，乃是著名的绍兴老酒产地，乡邻街坊几乎家家可以酿制，于这样香气氤氲的环境里成长，与酒的接触必不可少。可以想见的情景是，在鲁迅的少年时代，或者在悠闲的时节，或者在年夜的饭桌上，父亲或男性长辈鼓励迅哥儿与他们喝上一杯，以此来制造其乐融融的欢庆气氛。父亲善饮，无人对饮时叫儿子喝上一杯亦在情理当中。

周作人说，“我的父亲是很能喝酒的，我不知道他能喝多少，只记得他每晚用花生米水果等下酒，且喝且谈天，至少要花费两点钟，恐怕所喝的酒一定很不少了”。

绍兴老酒属于酿造酒，它以精白糯米酿造，酒精浓度多在

14～18度。按其酿造方式可分为元红酒、加饭酒、善酿酒及封缸酒（绍兴地区又称为“香雪酒”）。绍兴老酒风味独特，香醇厚道，这得益于当地甘洌的泉水、酿造的技术以及岁月的淬炼。据说当地的爱酒人，甚至有将一年所收糯米全部用于酿造还不够喝的奇闻，由此可见好酒者在这块土地上从不鲜见。

酒坛子打开，香气四溢，鲁迅的思绪必然无法停下，文采亦来得迅猛。因之，鲁迅的文脉与故乡，总有千丝万缕之联系。

绍兴说吃酒，几乎全是黄酒，吃的人起码两碗，称为一提；若是上酒店去只吃一碗，那便不大够资格；实际上大众也都有相当的酒量，平常少吃还是为了经济关系，大抵至少吃上两碗是不成问题的。

鲁迅自然也在这大众当中。

但他的酒量到底有多大？估计没有几个人知道。

关于鲁迅饮酒的话题，与其过往密切的亲友，大都闪烁其词，语焉含糊，更鲜有人提及他的酒量。只有周作人明确说：鲁迅的酒量不大，可是喜欢喝几杯，特别是与朋友对谈的时候，例如在乡下办师范学堂那时，与范爱农对酌。

好友曹聚仁的回忆则更显糊涂：“我和鲁迅同过许多回酒席，他也曾在我家中喝过酒，我知道他会喝酒；他的酒量究竟多少，我可不十分清楚。”曹聚仁因此揣测，鲁迅《在酒楼上》里的描述，便是他自己的酒量：“一斤绍酒，十个油豆腐，辣酱要多！”而好友范爱农要比鲁迅能喝一些，要两斤多。

鲁迅的日记里，也常见到他与朋友宴饮的记录，他与郁达夫、许寿裳、萧红、萧军、林语堂、李小峰等人，都一起饮过酒。但几乎无人注意鲁迅的酒量，这几乎可以说明两点：其一，鲁迅是理性的饮酒者，很少酗酒，少豪饮，几以适度为宜，基本不多喝；其二，鲁迅喝酒，多为怡情，少做发泄。

鲁迅爱喝几口，却也是不争的事实。

曹氏之评价“会喝酒”是对的，没有过相当的经验和体会，没喝过几次酒，肯定“不会喝”；只有经过切身的体验和感悟，才能知酒之妙处，才称得上“会喝酒”，“会喝酒”可不是一般的评价，它大约也有两层含意：一是爱喝能喝，二是知晓酒中真义。

会喝酒的人，最能体会酒的妙处。酒和毒品一样，能引人上瘾，易成为精神的寄托物；但酒亦能提神，轻啜细品，酒入喉咙，然后又入五脏六腑，爬满每一个细胞，令它们都欢欣鼓舞。五六分醉时，便可以忘记人世间一切烦恼，求得短暂的温柔乡，排解掉内心的寂寞和孤独。但饮酒却要有个分寸，倘若拿捏不住，酩酊大醉，则伤肝伤胃伤身伤心。

会喝与不会喝，便是看这分寸的拿捏。显然，鲁迅是会喝的人。当然，也不能不说偶有例外，谁还没个失去理性的时候，鲁迅是人，自然也有一般人之缺点。

当年鲁迅独自一人来京，到教育部做无聊乏味的公务员。他最先寄居于冷僻清静的绍兴会馆，人地两生，不免常被孤独侵袭，自己又不开伙，常自个儿在附近的餐馆里解决，因此，寄情于酒，喝上几口是自然而然的事情。到后来，情况渐次好转，身边也有了三五好友，常在一起把酒言欢，与住处绍兴会馆毗邻的广和居自然成为他们常去的酒馆，广和居主营鲁菜，菜品未必对他的口味，但因为近，也算一件省心的事了。

教育部同事齐寿山对鲁迅崇拜有加，鲁迅也喜欢他的脾性，二人性格相投，一见如故，常于公事之余，神侃天下，尽得妙语，十分相得。因此，鲁迅在日记中曾有夸张的记载：“晨头疼，与齐寿山闲话良久始愈”，友情于此可见一斑。在生活上，齐寿山更是鲁迅的最佳帮手，三十余次借钱给鲁迅，助其摆脱困境。与这样的朋友相处，不喝点小酒怎行。因此，在鲁迅的日记里，便可以常读到二人一起喝酒的记录，试举两例：1915年9月10日晚，鲁迅应邀去齐家吃蟹，席间痛饮，深夜才归，但并不见有喝醉的提法。1925

年8月14日教育部下令免去鲁迅职务，三天后“晚往公园，寿山招饮也”，鲁迅猝然遭难，受到当局打击，朋友仗义置酒为之去惊，可见其用心良苦也。

在北京的酒友，除去齐寿山外，还有三位也着实亲密，一是许寿裳，一是沈兼士，一是钱稻孙。许氏是鲁迅的绍兴同乡，留日同学，终生挚友，曾参与鲁迅人生的许多重大转折；沈氏系北大国文系教授，著名学者；钱则是鲁迅的教育部同事，著名的翻译家。

酒要和好友一起喝，饭也要和好友一起吃，鲁迅虽则理性，却也是性情中人，痛饮之时，并无忌惮，放开而为之。但大多时候，他还是相当理性，细饮慢品，在友情的包围中，体味酒之妙处。酒在此时，真有为友情加温为聊天助兴之功效。

因此，若要真探究起鲁迅真正的酒量，还真难说得清楚。连亲友的记录，都未必见得确切。依据一般的记载，大都觉得鲁迅酒量有限，不胜酒力，但这也靠不住。

沈兼士说：“酒，他不但嗜喝，而且酒量很大，天天要喝，起初喝啤酒，总是几瓶几瓶地喝，以后又觉得喝啤酒不过瘾，‘白干’‘绍兴’也都喝起来。”

而许钦文的回忆也支持沈氏的说法：“他的喝酒实在也有点凶，且不说在酒的本身上面；有一回，他把酒拿老虎尾巴里喝（老虎尾巴是指鲁迅的住处），下酒的是小小的一碟炸馄饨，他把胡椒粉接连加了三次。”又说，鲁迅常叫人“买十个铜子的白干”，十个铜子差不多买一斤左右便宜的白干，这酒量可谓不小，当然，他也未必一次给喝完。

不过，饮酒这事，也讲究天时、地利、人和，在什么地方喝、什么时间喝、和什么人喝，都很重要，人逢知己千杯少，话不投机半句多。一杯两杯可以醉，一瓶两瓶却也可以清醒如初。

酒桌是鲁迅与人交往的重要方式，他的许多文人和朋友，便是在这酒席之上相识并相知的，但也是这酒桌，令他与人产生罅隙和矛盾。唐弢在《第一次会见鲁迅先生》中，记述了这样一件事：在酒桌上，鲁迅批评林语堂，说他“每个月要挤出两本幽默来，本身便是件很不幽默的事”，这隐隐让林语堂不快。

但又是这酒桌上，鲁迅向来是话题的中心人物，他对于任何事，都有自己的主张，提供精辟的意见，与知心朋友一起喝酒，他向来是谈笑风生，逗人发笑，根本不是人们想象中那副严肃的模样。

鲁迅对酒虽然没瘾，但总爱喝点，许广平一度亦曾因此而担心他的身体。就鲁迅的饮酒问题，她曾向郁达夫求教：周先生平常喜欢喝一点酒，给他喝什么酒好？郁达夫提供的答案是黄酒。许广平很无奈，告诉郁达夫鲁迅喝黄酒老要喝很多，所以换给他喝五加皮了，但五加皮酒性烈，她便在平时把瓶塞拿开，好让酒气消散些。

郁达夫借此机会，很是认真地为许广平普及了一番酒水的常识，并告诉她，第一选择是优质的陈黄酒，第二选择是啤酒。至于五加皮，为健康计，还是不要喝了。

谁和鲁迅一起晚餐?

随便翻翻鲁迅的日记就知道，会友是鲁迅日常生活中的重要内容之一。益友如良茶，绝不可缺，与君一席谈，胜读几本书。

既是会友，聊到高兴，又哪能不吃饭呢?吃饭的中间喝点小酒，酒上了头，话也稠密，心情非常放松，气氛特别热闹，闲聊或者深谈，也才格外生动有趣，常常妙语连珠。

与鲁迅一起晚餐，听他畅谈古今中外，点评时局或者人物，讲个笑话或者故事，闻者皆以为大有收获。

与鲁迅吃晚饭，其实那根本不是吃饭——那系心灵的桑拿浴，思想的按摩器。

想和鲁迅一起晚餐的人，真的是很不少。

但鲁迅想要一起晚餐的人，怕是不很多，一则他对吃向来随意，少搞正式的饭局；二则他向来珍惜时间，不大肯浪费时间去吃很久的饭。

因此，细看看，去上海之前，吃吃喝喝的事虽也常有，但大都是一帮光棍或者准光棍们的闲聊聚会而已，鲁迅在北京组的最为正式的一个饭局，大约是全家搬进八道湾的第二年春天，特设家宴两桌，邀请一帮朋友来家里吃饭，参加者有十五人之多。

而后去了上海，身处险境当中，不但要躲避敌人的追踪，而且不能公开自己的住址。基本上，鲁迅在上海的生活，除了经常出入内山书店之外，大都是深居简出。相较于北京，鲁迅在上海的饭局倒是多了起来，饭局差不多是他最常采用的社交活动方式。

鲁迅和许广平刚一到上海，他的饭局便正式开始了。

这边厢刚刚放下行李，便由他过去的学生、当时在的北新书店老板李小峰做东，设了一局，邀请众多朋友来欢迎这位大文豪。这顿设在全家福饭店的宴请，开启了鲁迅饭局的全新篇章。

在这次饭局上，年轻貌美的王映霞因为是首次与这位文化界的偶像级人物吃饭，兴奋不已，“都不知道说什么好了”。

饭桌上的鲁迅，表现得十分绅士。如遇陌生人一起吃饭，总先为对方介绍身边的爱人，“这是密丝许。”这一举动令王映霞记忆深刻。鲁迅对王映霞这位大美人，称之为“密丝王”。

和鲁迅经常吃饭的人，或者是老友，或者是故交，像郁达夫、林语堂；或者是他的学生及青年朋友，像李小峰、孙伏园、许钦文、叶紫等。因为彼此熟悉，气氛总是融洽，也有在饭局上不欢而散的“例外”——比如和林语堂的决裂。

因为版税的纠葛，鲁迅和北新书局差点打上官司，由于郁达夫积极从中斡旋，才将此事化于无形，北新书局就此请客吃饭，亦有希望今后合作愉快的意思。席间，林语堂无意间提起张友松——正是此君的鼓励，使鲁迅决定和北新诉诸公堂。鲁迅听到了张友松的名字，以为林语堂是在责备自己，便从座位上站起来，大声说：“我要声明，我要声明！”两人因此而起争辩，声调也升高不少，弄得面红耳赤，从此交恶。

一次小小的误解，断送掉两人的友情，实在令人懊恼。但，这不是令鲁迅唯一闹心的饭局。

另有一次饭局，是因《译文》杂志引起的。事情比较复杂，简短截说。

生活书店请茅盾、郑振铎和鲁迅三人吃饭，谈《译文》杂志的合作事宜，书店方面出席饭局的是邹韬奋、毕云程、胡愈之、傅东华四人。这顿饭算是个工作餐，纯粹为谈《译文》杂志的事，生活书店是该杂志的出版方，茅盾、郑振铎、鲁迅三人为合作方。

生活书店单方面提出，要撤换黄源的《译文》编辑职务。鲁迅仗义，决定为这个小青年打抱不平，饭也不吃，直接闪人，让书店方十分尴尬，也因此结下梁子。

鲁迅后来的饭局上，多了两个东北来的年轻人。

1934年12月17日，鲁迅特别写信给萧红萧军，邀请他们到梁园豫菜馆吃饭，时间是两天后的下午六时，怕他们记不住日子，又特意注明是星期三，并详细交代了菜馆的地址，广西路三三二号。

信中还说，“另外还有几个朋友，是可以随便谈天的”，明眼人一下子就能看出来，鲁迅打算把二萧介绍给自己的朋友。往俗里讲呗，是邀请二萧进入鲁迅的社交圈。

二萧接到邀约，心情自是激动，困顿于人生地疏的上海滩，无亲无友，大文豪这般客气邀请他们赴宴，当然有值得激动的理由。两人接到邀请信后，急忙找出一份上海地图，查找餐厅的位置；为显得正式，萧红又特意为萧军置办了一件像样的衣服。

此次晚餐，一共有九人在座，除鲁迅一家三口外，分别是茅盾、叶紫、聂绀弩和夫人周颖以及二萧，而受邀的胡风和梅志夫妻缺席。缺席的原因，可能是没有接到鲁迅的邀请信。

酒菜上来之后，许广平到门外转了一圈，看没有什么可疑的人，便回来向鲁迅耳语几句，然后鲁迅便以主人的身份介绍各位客人。讲到二萧时，鲁迅特地加上一句：“他们是新从东北来的。”

这次饭局上，鲁迅特别把叶紫介绍给二萧，萧军的个性易强横蛮干，只凭一股子热情做事，这是鲁迅所担心的，因此他找叶紫来关照二萧，就是想要寻个对萧军诱导和制约的人，后来，叶紫和萧军果然成为很好的朋友。

这顿饭吃得开心，谈话也进行得愉快。

归去的路上，二萧彼此挽着胳膊，趁着这酒劲儿，竟一路小跑起来。

此后，鲁迅与二萧走动繁频，吃饭的事自然也常有。及至更加熟悉之后，二萧成为周府的常客，留饭也是自然事。

和鲁迅吃顿饭尚不算太难，但要把鲁迅请到家里来吃饭，却是真正有难度的事了。

不过，鲁迅还是会去相熟的朋友家里走动，吃饭亦不过是一个幌子，聊天叙旧谈事情才是主旨，曹聚仁的夫人王春翠和胡风的夫人梅志都有关于请鲁迅吃饭的记忆。

她们眼里的鲁迅，有一个共同点，那便是和蔼可亲，对菜品和酒水并不在意，更喜欢高声谈笑，享受和朋友在一起的时光。

鲁迅对于主人家里的女性，总表现出特别的尊重，或者夸她们的手艺，或者夸她们的个性。

鲁迅去胡风家做客的那次，是全家人一起去的，细心打扮过，鲁迅穿了深灰色的长衫，还戴了顶礼帽，许广平着了旗袍，海婴则穿了定做的童装。

不但如此，鲁迅还给主人家的孩子带了三件礼物，想得可谓周到。

鲁迅的个性，一般而言是内敛的，但在饭桌上，却偶有例外。

有那么一次，鲁迅和一群朋友吃晚饭，有几个人喝多了，鲁迅也不例外，他眼睁得很大，举着拳头喊：“还有谁要决斗！”

新光阔小姐被甜品和谣言毁掉的人生

弱弱是天津大妞，不小心和我做了同事。

她胖乎乎，圆溜溜，逢人爱笑，一脸无辜表情，这样的姑娘谁不喜欢。

刚进单位没几天，就和大家混得滚瓜烂熟。

据弱弱交代，所以有这种体形，全拜甜品所赐，她也从未后悔：别人收获了好身材，她收获了甜美回忆——各有所获，彼此彼此。

看她办公桌上，永远一堆食物，不是糖果巧克力，就是点心山楂皮。

女同事经过她桌前，大都痛心疾首，男同事路过她身边，多数大声呵斥。大家目的无非只有一个：把这个姑娘拯救出甜品的泥潭，别让她继续胖下去。

众同事晓以利害："姑娘，就这体重，几无嫁出之可能。你确定还要继续圆下去?"

弱弱笑，很鄙夷地笑，嘴角沾着甜品的碎末："嘁，你们管得真宽……姑娘我胖得起，瘦得下，嫁什么嫁，没男人一样潇洒。"

一句话差点没噎死大家。

偏有个不识趣的，又补一句："哎呀，身材不好，还乱花钱。"

小胖妞的火药桶被点燃，随时要爆炸："K！挣钱为毛啊？我爸说了，女儿家挣钱，就是要给自己买花戴!"

弱弱说到做到，甜品照吃，工资照发，有机会就给自己买花。

某次，我俩一起外出，到中午，肚子咕咕叫，要找个餐厅垫垫，眼尖的弱弱看见一家甜品店，生拉硬拽，将我弄进店里，对菜单乱点一气，冰淇淋、西米露、芝士焗红薯、芒果布丁、班戟……看得我眼花缭乱，才知甜品竟有这么多种类。

弱弱劝我："你尝尝嘛，特别好吃。"

我不为所动。

弱弱又说："不吃甜品的爷们儿没有未来。"

没有未来怎么行。我决定放开肚子，和弱弱大吃特吃。

吃完，终有心得：舌头和甜品缠绵，比恋爱的感觉更清爽诱人，难怪弱弱不肯嫁人。

若认为弱弱只爱吃，未免小看她。

穿戴方面，她亦是把好手。买衣服，从来只奔新光天地，新光是北京时尚地标，弱弱每周去一次，从不空手而归。

因为胖，很多大牌穿她身上都不合适，常有皱皱巴巴的视觉效果。

我们跟她开玩笑，"你将大牌穿出了一种很low很low的感觉……"

弱弱不屑一顾："你们这些巴黎郊区来的乡巴佬！"

这姑娘说话，以噎人见长。

每周一开完例会，就会看见弱弱跟一帮女同事聊牌子："这个包是LV春夏新款，这条丝巾是BURBERRY的，这双鞋子是夏姿陈，这瓶香水是DIOR真我……"

女同事眼里个个放绿光。

因为对新光天地做出的卓越贡献，弱弱应邀参加了该店的VIP年会，据她讲，参加过年会才知道，在新光众多VIP之中，自己全年的消费额仅能排在最末，人家第一名花了两千多万，无法企及啊。

弱弱满含热泪，说："我压力好大。"

中间有好几年不见弱弱，音信皆无。

有天突然接到她电话："老陈，请我吃满记吧？"

她说的那家满记，在新光天地的地下一层。

如约前往，发现弱弱依旧，谈笑风生当中，我问："听说你为爱走天涯……和一个杭州男人在西湖边结婚生子？"

弱弱怒："呸，江湖上竟然有这等谣言！"

弱弱告诉我，她打算创业了，开一家甜品店，要比满记还好吃的甜品店。

馥芮白再文艺，不过是一杯咖啡

看《原力觉醒》前 kill time，到星巴克点了超大杯的 Flat White，“馥芮白”。这款新品刚推出后，火爆得不成样子，一时成为装 13 的必备利器，发朋友圈写个“馥芮白”，你都会觉得头顶自带光环。

只看这名字，文艺气息四散，小资情怀浓烈，馥即香气，芮则轻柔，白是牛奶的颜色，哎呀，这仨字儿一组合，将汉语的神韵发挥得淋漓尽致，自动打通视觉、嗅觉、味觉，三位一体，叫人浮想联翩，“香气浓郁口感柔和之牛奶咖啡”，身为文艺青年，好意思不点一杯?!

不过，点单时千万别叫错，fù ruì bái，不是馥内白噢。而且，记得叫名字时要大点声，自信些，其他咖啡点单都可以用英文名，这杯一定要喊中文，唯其如此，才对得上这么诗意隽永之 name。

要说星巴克的文案功夫，还真是到家，相比 COSTA 将 Flat White 翻成“醇艺白”，明显高出不止两个层次。“醇”倒也是个好字，但缺乏想象空间，发音有点硬，不像“馥”那样，气息在唇齿间随便一吐，舌尖立马盈盈生香。

COSTA 为这醇艺白，还跟星巴克打起了嘴官司，它家公号撰文“这才是真正的 Flat White”，言之凿凿称“一杯完美的 Flat White，精致的拉花必不可少”。可看看星巴克的 Flat White，仅用一点点奶泡，且不将拉花作卖点。为一杯咖啡，这般急赤白脸，商战之激烈大有白刃血拼之势。

可说实话，咖啡品类和名儿就那么多，创新不易，撕扯一下也正常。

店员端来我的馥芮白，一看傻了眼——是纸杯装的！而不是海报上的深色马克杯！

打开杯盖，最上面那个小白点根本就消失了好吗！

一片模糊，没有丁点儿美感！

试喝。第一口有点浓郁，浓郁到糊嘴。

奶香伴着咖啡的苦味在舌尖泛滥，咖啡味是比拿铁更足，奶泡亦更细更密，但苦味儿究竟是有点儿过，继续饮下去，苦味愈发严重，有慢慢扩大之势，喝了七八口，漫延至整个口腔，有苦说不出。

加糖，搅拌，终将馥芮白调和出本人舌头可以接受的平衡感。

细细品尝，层次比拿铁立体，味道比卡布丰富。总体讲，比一般咖啡稍重口，更适合咖啡中高度患者。对于敏感的体质来讲，这一杯怕有失眠之功效。

细究一下Flat White来历，左看不明白，右看也不明白。

有人说是新西兰人发明，有人说是澳大利亚首创，有人说是比拿铁更浓郁的咖啡，有人说是介于拿铁和玛奇朵之间的产品，有人说有奶泡，有人说无奶泡，其中的是非曲直，真真难以辨别。

没人说得明白。

不过大家都承认，Flat White其实是拿铁的升级版，比拿铁加了更多咖啡。

在纽约开咖啡店的休·杰克曼（正是演金刚狼那大帅哥，袋鼠国人）更靠谱儿，“Flat White就是多一点咖啡少一点牛奶的拿铁”，噗，那不还是拿铁吗？嗯，为毛给拿铁又出一个新名字？

以此类推，给卡布其诺再多点咖啡，是不是又可以创造一种新咖啡？

Flat White和Latte之区别，其实在于牛奶加工方式。牛奶系咖啡制作中的重要部分，经过蒸汽喷嘴加工后，牛奶呈现出流体、微泡、大泡三种状态。

在制作Flat White时，咖啡师会将牛奶加工到微泡状态倒入咖啡中，所以Flat White顶部奶泡非常薄且富有纹理，而制作Latte时，咖啡师则将奶泡加工到大泡状态，所以Latte顶部奶泡厚且蓬松。

而且，就咖啡的浓度而言，Flat White要完胜Latte，前者要用两份或者更多的浓缩咖啡为基础，而后者只需要一份而已。这般说来，就好比中国白酒，Flat White是高度酒，而Latte是低度酒。至于有无精美的拉花，看起来并不是主要问题。

知乎上有位童鞋给馥芮白一个并不完美却有趣的定义："名字好听了点，咖啡因多了点，牛奶浓郁了点，怕苦千万别点。"

不用再纠结馥芮白是个什么鬼。它只是一杯咖啡而已。

我的心是泛着沫的啤酒

吃货的耳朵里，音乐是有味觉的。

如果听李宗盛的《山丘》，务必要来杯红酒，中年老男人洒脱又无奈的情绪，借由这首歌表达得一览无余：红酒在嘴中徘徊徜徉，微微的酸，淡淡的涩，些许的回甘，五味杂陈；如果听陈升的《六月》，最好是在海边，要一瓶啤酒，半碟花生米，让泡沫撑开，破裂，心情自由自在，一边欣赏那些比基尼妹子和青春的肉体，一边体味啤酒的清凉惬意；如果听周杰伦的《牛仔很忙》，又何妨到夜店或酒吧里，叫一杯威士忌，任热烈浓郁在舌尖伸展，不管灯红酒绿，一任繁华似锦。

说这些，不过是想介绍几首“吃之歌”。

《我的心是油炸的蚕豆》

杭天老牛了，以至于这首歌我听了许多年。

中国人玩布鲁斯玩到这程度，真真叫人赞叹。最早一拨儿的老炮里面，数他最纯正了吧。只可惜中国乐坛没啥辨别力，不少好歌手都被淹没了，杭天算其中之一。

后来听说他去了米国定居，我心酸了好一阵。

这歌里的菜都可以拼一桌了，油炸蚕豆、砂锅豆腐、粉条炖泥鳅、辣子鸡丁、肉丝蒜苗，光听名字，就很好吃有木有？特别是那砂锅豆腐，咕嘟嘟地冒着热气，豆腐被彻底烫开了，饱吸了浓汁，咬一口，松软却又有弹牙效果，整个口腔都舒服熨帖。

最有意思的是，杭天这首歌根本不是写美食的，不过是借美食抒发心绪罢了。就像李安拍《饮食男女》，从头至尾都在做菜，讲的却是亲情和伦理。

不妨这样理解：某天，杭天老师吃饭时点了几道菜，要了瓶啤酒，喝着喝着，就想起姑娘来，想起与姑娘度过的那些快乐的日子，吵架的日子，情绪立时浓郁，淡淡的哀愁起来，就为姑娘写首歌吧。

那歌是散漫的，自说自话的，说明他早已从失恋的阴影里走出来，只是忘不掉这姑娘。

就像你某天的深夜，不知触动了哪根弦，有姑娘的身影被你从记忆深处打捞上来。

杭天也是个吃货。要不，他就不会把这一桌菜都用在这个姑娘身上了。

《陕西美食》

黑撒乐队近几年异军突起，因为努力，也终于成就自己，被唱片公司关注，由地下来到地上。

这首《陕西美食》，用关中方言唱，味道纯正地流着汁水，听到的人不流哈喇子才怪。

菜馍君大学在西安读的，自然也常忆起这些，经黑撒一勾搭，更是惆怅无比：面，大盘鸡，羊肉泡馍……你们在哪里啊，你们都还好吧。

学校在南郊，隔壁是陕西师大和西安外院，到处是各种各样小吃。有空就跑到外院后门的那条街，樊氏肉夹馍来一个，热气腾腾的砂锅来一个，吃得满身热气，头上冒着汗珠；老乡聚会，总去香香大盘鸡和天山大盘鸡，都是致命好吃的那种；与何立国或周发军常去老白家吃泡馍，要俩凉菜，一瓶宝鸡啤酒，爽到无话。

长延堡的汉中凉皮店也是一绝，那会儿只要一块五，一碗紫米粥才五毛。

2012年和朋友结伴西安行，南郊整饬一新，时尚新潮，我们先前热爱的小店都没了，失望得不成样子。好在，香香大盘鸡仍然坚挺，还开了许多家分店，借此获得些许安慰。

这首歌我也有不满意的地方，比如“海底捞火锅”，那可不是陕西美食。

《羊肉面》

布衣乐队的《羊肉面》，重点也不是羊肉面，是亲情，讲“妈妈做的羊肉面”。

就在昨晚，我在大望路上吃了羊肉面，汤味纯正，乳白，喝起很舒服。面是宽的那种，筋道有力，弹得牙疼。

有一年，宁夏人老史从家乡捎来羊肉和调料，邀请我们去他“通利福尼亚”（即北京通州）的家里吃羊肉面，七八个人，四五斤羊肉，老史亲自上阵做面，按宁夏做法制作的那一锅羊肉面，吃得大家个个面红耳赤，一个劲儿嚷着：“再来碗！”

我就猜，假如是流落异乡的宁夏儿女，吃这香喷喷的羊肉面，再来听这首歌，一定是泪流满面了。

辑五 吃货的哲学

识食物者为俊杰。

一流的吃货，不仅能从食物中获得快慰，且可以从食物中吃出哲学。

饭桌上的一道道大菜或是小菜，仿若我们的人生，或难吃，或好吃，或丰富多彩，或单调乏味。

酸甜苦辣，皆为人生。

再没有比下午茶更重要的事情了

前段时间老郭来京，带他去三里屯的“雅典娜”吃自助，是家希腊餐厅。谈及欧洲美食，刚从英国归来的他一脸嫌弃：无力吐槽呀，曾经贵为世界霸主的日不落帝国，能吃的居然只有两种东西，司康饼（scone）和炸鱼薯条（fish and chips）。

哈哈哈哈。我笑到不可自抑。

老郭翻个白眼问我：“这是段子吗？”

顿了顿，他又说：“好在有下午茶。”

下午茶成了他滞留伦敦期间唯一的安慰。

吃着精美可人的点心，喝一口浓郁的伯爵红茶，转眼望向酒店外波光粼粼的泰晤士河，他不无感动地宽慰自己：“来过，喝过，够了。”

那一刻，老郭觉得自己和深情歌颂剑桥康河里水草的徐志摩找到了共鸣。

下午茶真是好东西，它可以让老郭移情，让贵妇的八卦心尽情释放，让保守木讷的英伦绅士面对乏味的话题时，也不会觉得尴尬：无话可说，喝茶好了。

乔治·吉辛说：“绵绵细雨中散步归来，一杯热茶所提供的温馨美妙得难以形容。”

反正，下午，喝茶就对了。

“世上的一切瞬间为茶而停?”

下午茶出现于维多利亚女王时代。

据说肇始者是一位叫安娜的公爵夫人。彼时，英国人的晚餐一般要到八点才开始，这位不耐饿的公爵夫人，一到下午就饥肠辘辘，焦躁难忍，不得不请女仆们为自己准备几片烤面包、点心充饥，顺便再泡壶茶，以此填充下午这段难挨的时光。

公爵夫人渐渐养成了喝下午茶的习惯。一个人喝有甚意思？干脆邀请几位闺蜜好友前来同饮，共享轻松惬意的午后时光。一边吃喝，一边闲聊，填饱了肚子，加深了感情。小日子过得舒适开心。

安娜的无意之举，引来众多贵族争相效仿，名媛贵妇莫不趋之若鹜，以饮下午茶为时尚。维多利亚女王听说此事，怎能甘居人后，留下个不与时俱进的话柄，也开始喝，皇室下午茶专称为“Rroyal Tea”。不管女王去哪儿，必有下午茶侍奉，如果每天不来一杯，整个下午都心神不宁。

人们见面的问候语，不再是谈论天气，而是发出邀约：“要不要一起喝个下午茶?”

贵族如此，皇室如此，平民亦无例外，大英帝国上上下下，都爱上了下午茶。

时间一久，下午茶从一种时尚转而成为英国人骨子里的爱好，雷打不动地将这茶喝了下去，一直到今天依然如旧。

民谣云：当时钟敲响四下时，世上的一切瞬间为茶而停。

这世上的人，以中日英三国最爱喝茶，也最会喝茶。中国是茶之故乡，喝茶的历史最为悠长，茶文化也最为冗繁复杂；日本人则将茶与禅结合，创造出独一无二的茶道，成为东瀛的文化精神和审美指南；英国人则独辟蹊径，这个不产一片茶叶的国度，却深谙“茶是连接人们的妙物”，将茶发展成一种关于人际交往的文化：通过茶这片神奇的树叶，人们自由地畅谈，加深感悟和理解。

下午茶不仅仅是喝茶，它更像一个社交平台：人们以茶为契机，交流新知，获悉时事，提供资讯，了解世界。

想必，那时的下午茶会（Tea Party），一定有诸如此类话题：

谁谁谁和谁谁谁必有一腿；

女王最近的那套新衣服所费不菲；

城东新开的服装店设计新颖，好多人争相定制；

前天刚开幕的大英博物馆里某个主题展简直不能太赞；

……

喝一场美美的茶，聊一场长长的天。任阳光肆意倾洒，任心情欢快滋长。

下——午——茶，美好生活怎能没有它。

“下午茶的High & Low之分”

一般情况下，High和Low这两个词，雷打不动地代表着高级和低级，但到下午茶这儿，情况恰恰反过来了：Low Tea为上流社会享用，High Tea则属普通百姓。

Low Tea之Low，是指贵族们饮茶一般坐在低矮的沙发上，而茶点也摆在矮茶几上。Low Tea是标准的传统下午茶，正式而烦琐，对时间、茶具、着装、礼仪等都有一定的要求。

High Tea之High，则是指蓝领阶层坐在座位较高的餐桌，下班之后体力匮乏，工人们借饮茶来提神醒脑，补充体力。相较之下，High Tea随意很多，对时间没有那么准确的限制，对礼仪更无过多的苛求，它更多出于果腹目的，吃好喝好，心满意足。

粗暴地说，High Tea是穷人吃的，Low Tea是富人吃的。前者没那么多讲究，有一种豪爽质朴的快感；后者则各种讲究，仪式感十足，有点儿矫情和装13（文化这事儿基本上就是“装”出来的，本来为果腹的下午茶，一经演变成了作秀的社交平台）。

举个简单的例子，英剧《唐顿庄园》里，贵妇小姐们一起晒着太阳喝茶叫Low Tea，而仆人围坐在一起吃点心喝茶便是High Tea。

High Ttea和Low Tea一起，构成英伦的下午茶文化。

如今还派生出一种更为大众的Cream Tea，它摆脱了下午茶中丰富的点心供应，只提供涂了奶油和果酱的司康饼，因为便捷而大受欢迎。

“没有司康的下午茶就像没有刀叉的晚宴”

So，一席标准的英式下午茶包括哪些内容？

首先，当然是茶。英式下午茶里的茶，一般仅指红茶，以阿萨姆、大吉岭以及锡兰红茶、伯爵茶为代表，可根据个人喜好加奶或加糖。

其次，是茶点。英式下午茶的茶点丰富多样，通常用三层的点心支架盛放，而盛放顺序也有讲究，一般从下至上吃，从咸到甜，最下层是三明治，中间放司康饼，最上面则是各式甜点或水果。

重点要说说司康饼，这可是英国人民的至爱，英式下午茶的标配。据说在英国，母亲最先教女儿学习的，便是司康饼的制作。中国人里，司康饼的知音大概是张爱玲吧，在她的作品，还说到这款当时被译为“司空”的点心的口感：比蛋糕都细润，面粉颗粒小些，吃着更“面”些，但是清新而不甜腻。

英国人吃司康饼，需要将其掰开，在上面涂上果酱和奶油，据说到底是先涂果酱还是先抹奶油，英国人自己也争论不休。哈哈，英国人的呆板和执念可见一斑，我们只会为豆花的咸甜操心，绝不会有谁为喝骨头汤是先啃骨头还是先喝汤的事儿争论不休。

据说，最正宗的司康饼，一定要搭配德文郡特产的clotted cream。这种厚而稠的奶油，不甜不腻，奶香味浓，抹在热乎乎的司康饼上吃，美味之至。搭配司康饼的果酱，通常是覆盆子和草莓口味，搭配蜂蜜也未尝不可。

当然，茶具也很重要。一场有品位的下午茶会，精致的茶具绝不可少。它至少要包括以下东西：陶瓷茶壶、杯具组、糖罐、奶盅、七英寸个人点心盘、放茶渣的小碗，还要有茶壶加热器、茶叶滤匙及放过滤器的小碟子、茶匙、奶油刀、蛋糕叉以及两层或三层点心架，这些器皿都必须是擦得锃亮的银器。

不过，这还不算，下午茶里还有很多礼仪，比如手指不能穿过杯柄握着茶杯，比如吃点心时要将餐巾纸铺在大腿上，又比如茶要小口喝等。一个豪爽个性的人，怕是要不胜其烦了。

贵族饮茶，当然不能含糊。但过于讲究，又不免叫人觉得繁复琐碎，喝个下午茶这么轻松自在的事情，都搞成庆典样的，也未免过于隆重了。

如何把爆肚冯吃出老北京的悠闲劲儿

大栅栏拆迁前，老黄拉我和东北妞小渊吃爆肚冯。

那会儿店面脏乱差，墙壁污秽，餐纸遍地，小桌上油迹斑斑，像包了好厚的一层浆，日光灯昏暗无力……但，架不住爆肚好吃啊，酒过三巡，菜过五味，讲了几个黄段子之后，爆肚和二锅头带来的快感叫人招架不住，我和老黄脱了上衣，光着膀子，聊得嗨翻天。

小渊是姑娘，没办法光膀子，在一边嘿嘿傻乐，指着我们的胸肌，说："你们丫应该锻炼一下身体啦！"

我们仨这边厢吵闹喧哗，旁边一桌却有个北京爷们儿独自啜饮。

看年纪五十多岁，头发白了一半，穿无袖的棉布对襟大褂。夹一筷爆肚，嘎嘣嘎嘣嚼得起劲，然后嗞一口小酒，脸上浮现出满足的表情。他跷着二郎腿，眼神儿飘向窗外，悠悠地晃着脚，嘴唇微动，像要哼个小曲儿，那状态，端的是北京大爷独有。

这个情景一直深深地印在我脑海里。

一日，西安娃旭旭来京，微信说："我从西站直奔大栅栏，爆肚冯不见不散。"

我跟他讲，那这次，要吃出北京大爷的悠闲来。

因系周末，游客多，居然等了半小时的位子。好不容易轮到我俩，三下五除二点了菜，百叶、散丹、肚仁、蘑菇头、羊腰各一盘，吃爆肚当然要喝小酒，绿瓶小二乃北京人标配，糖蒜必不可少，麻酱小烧饼绝不能缺。

爆肚讲究火候，多煮五秒就老，少煮两秒太嫩，才不过三分钟，五盘齐齐上桌。旭旭这厮抓起筷子就要来夹，我喝止他：住手，吃爆肚急不得，要摆出悠闲的姿态。

他遂调整坐姿，跷起二郎腿，慢悠悠举筷，我说这就对了，像北京大爷，至少形似。

老西安旭旭追问，如何神似？

要神似，需要领会一个字，慢。天下武功，唯快不破，而绝顶的悠闲功夫，唯慢不立。没有慢，悠闲就站不住脚，赶车回家的人不会悠闲，心急火燎的人无法悠闲，匆匆上班的人不可能悠闲。

旭旭心领神会，所有动作都放慢半格，像电影的慢动作。我说："你娃子真瓜哟，那慢是发自内心的慢，不是刻意的慢。是心慢，非动作之慢也。"

这厮立刻抱怨："说得这么玄乎！北京大爷真不好学。"

他举起小绿瓶，头向上仰，轻轻一"嗞"，那"嗞"里，能听出彻底的放松，悠闲又散漫。

我说："你这回神似了。就是这样，漫不经心的一'嗞'，是悠闲的绝高境界。"

同样是吃爆肚，北京大爷滋润、悠然自得，如此境界，说到底是来自于心底的气定神闲和知足常乐。"慢"是一种奢侈、从容和睿智的姿态，也是一门生活哲学。要想学到这个，非从内心修炼不可。在这讲究效率和速度的时代里，年轻人想要掌握这种生活姿态，并没那么容易。

吃会儿爆肚，稍稍起腻，这时候来瓣糖蒜，可缓解一下嘴里的味道。糖蒜黏手，却甚美味，脆生生叫人好不爽快。边吃边聊，说近期见闻，讲过往人事，不知不觉，一个半小时过去了。

爆肚光盘，酒也喝完，旭旭拿起个麻酱小烧饼，边吃边感叹："若有机会，我也在西安开家爆肚冯（书中暗表，旭旭也姓冯），每天一盘爆肚，一瓶小二，此生足矣。"

他一脸满足的样子。

那一刻，我感觉他再次抓住了北京大爷的神韵。

吃货圣经

我中华地大物博，食材丰富，又有悠久的饮食文化，自然培养出众多吃货。吃得多了，境界全开，君不见，整个中华思想史简直就是一部吃货史，老子说“治大国，若烹小鲜”，孔子说“食不厌精，脍不厌细”，孟子说“食色，性也”……相信各位大哲说出这一番话时，当是吃了顿大餐之后——饱暖之下，自有佳句，思想格外高深，观点特别生动——用吃来讲道理，是不是格外生动易懂？

吃货者，非“能吃”之谓也，说到底，就比一般普罗大众更“讲究”。讲究过细过多，便成了超级吃货。依我看，大清才子袁枚，当是天下第一等吃货。一部小书《随园食单》，堪称吃货们的饮食圣经。

本书开篇，袁枚就强调，“学问之道，先知而后行，饮食亦然”，意思是说，饮食之事，先要掌握一些最基本的常识，方能拿到吃货入门证书，连常识都不懂，又怎敢说自己能吃会吃。跑龙套的都要读《演员的自我修养》，吃货们自然要看《随园食单》。

袁枚说，食物各有天性，只有掌握这些天性，烹饪时方能游刃有余，比如“猪宜皮薄，不可腥臊；鸡宜偏嫩，不可老稚；鲫鱼以扁身白肚为佳，乌背者，必倔强于盘中”，有这些常识垫底，再去菜市场挑选食材，自然可以做到心中有数，找到最合适的食材。

买来食材需要处理，亦有方法和诀窍，“燕窝去毛，海参去泥，鱼翅去沙，鹿筋去臊。肉有筋瓣，剔之则酥；鸭有肾臊，削之则净；鱼胆破，而全盘皆苦”，唯有遵循这些方法和诀窍，才能将食材处理得当，为烹饪出可口饭菜打下基础。做鱼时，一定要小心谨慎，防弄破鱼胆，否则就毁了整道菜。

切菜时也得注意。一个优秀的厨子，得做好个人卫生，脸洗净，手洗净，砧板和抹布也得洗净，否则常使菜中带有砧板和抹布之味道。为防止串味，切过葱的刀，就不能再切笋，等等，皆须注意。

想要开火做饭，又须知调剂之理。

“调剂之法，相物而施。有酒、水兼用者，有专用酒不用水者，有专用水不用酒者；有盐、酱并用者，有专用清酱不用盐者，有用盐不用酱者；有物太腻，要用油先炙者；有气太腥，要用醋先喷者；有取鲜必用冰糖者；有以干燥为贵者，使其味入于内，煎炒之物是也；有以汤多为贵者，使其味溢于外，清浮之物是也。”用什么东西调剂食材味道，取决于食材本身的特质。

烹饪过程中最重要的是火候，煎炒须用武火猛攻，而煨煮则需要文火慢炖，也有的需先用武火再用文火。用错了火，则食材性情大变，难吃至极。该嫩的煮老了，该老的没有熟，叫人倒胃口。

菜炒好了，便要装盘，装盘也得讲究。古人云，美食不如美器。有的适合用碗装，必须用碗，比如汤汁之类，有的适合用盘装，则须用盘，如各式炒菜，有的适合用大盘，有的适合用小盘，全看食物多少。器物用得讲究，饭菜便格外生动，吃得也带劲。

装好了盘，只待上桌，上桌也须有先后。先上较咸的菜，后上较淡的，先上味浓的，再上味浅的，客人吃得疲了，来道辣味菜，使其胃口大振，客人喝酒多了，胃已疲劳，来杯酸梅汤定让他惬意无比。

细节决定成败，细节也决定吃货的级别。

天底下最优秀的吃货，从挑选食材那一刻开始，到吃完饭那一刻结束，整个过程无一不认真体会。

傻瓜，让我们一起吃苦瓜

大部分人对苦瓜的认知，会经历不同的阶段，年幼时讨厌苦瓜，年长后尝试接触苦瓜，然后出现两极分化：喜欢的人极喜欢，讨厌的人极讨厌。

喜欢的人说，苦是人生必不可缺的一味药。

讨厌的人讲，人生已经这般苦，再吃苦瓜又何苦？

刚工作那阵儿，突然对苦感兴趣。一是狂喝编辑部主任老慈的苦丁茶，二是到餐厅点单时必要“清炒苦瓜”。苦丁茶的苦才真叫苦，第一次喝，只小半口，“扑哧”就吐了，赶紧倒掉它，老慈笑嘻嘻地骂道：“你这厮，净浪费我好茶。”他“咕咕咚咚”把一杯子喝光，幸福堆满他深红的脸庞。

从此后，我循序渐进，慢慢饮苦丁，最后，居然可以与老慈喝着苦丁讲笑话。记得某次回济，邀老慈一叙，我特意提醒：“别忘带你的苦丁茶。”

喝完苦丁再来尝试苦瓜，就觉得可以接受，一口气可以吃五口，第六口坚决不吃了。

爱苦瓜成瘾的朋友合子跟我说：“看你吃得这么难受，实在委屈了苦瓜。它其实是一切食材里，修行最深的那个。你看它简单清新，却又意味无穷。你应该深入它，理解它，享受它。”

我就笑：“苦啊，哥。”

合子说：“你吃它时，过于提防它的苦，所以吃到嘴里，感受到的是更深的苦。若你把这个戒备心放下，苦瓜便不再苦，它的本质是一种味道而已。”

我问：“如何才能放下？”

合子约了我一起吃苦瓜，菜上之前，他先点了瓶红酒，我问这是何意？

答曰：“让你放下戒备心。”

菜上来，却是道鸡蛋炒苦瓜，黄色的蛋，青色的瓜，相得益彰，脆绿欲滴，看起来新鲜可口。我正举箸要尝，合子制止我，不紧不慢地倒了一杯红酒。他说吃菜不必着急，先来点红酒开嗓。

倒也不急，我慢慢饮口红酒。那酒醇香，微微的酸，和一丝不易觉察的甜。

这时候，合子发话：“可以吃苦瓜了。”

嘿，奇了怪，这苦瓜怎么没那么苦了？

合子继续“循循善诱”，分析说是红酒刺激了人的味蕾，分散了人的注意，它让人忘了戒备，不再时时提防苦的出现。苦味本就是生活的一部分，不需要逃避，不需要躲藏，只需通过合适的方式，将苦吃下去——它并没有你想得那么苦，我们多数人都夸大了苦味之苦。

苦瓜怎么就突然变那么好吃了呢？软嫩的蛋，爽口的瓜，合在一起散发着清香。一阵儿就扒拉掉半盘子。

那顿饭的最后，合子总结说，苦瓜是食材里的哲学家。它告诉人，生活里除了甘甜鲜美，还有叫人回味的苦。那苦叫人清醒，叫人自在。

我说：“合子，你是我人生里的哲学家啊！”

自此以后，我就彻底爱上这苦瓜。爱苦瓜制作的一切食物，酿苦瓜酒、蛋黄炒苦瓜、苦瓜汁、苦瓜排骨汤、干煸苦瓜……

爱吃苦瓜的人，生活中都不会有苦瓜脸。

我知道清朝有个叫石涛的著名画家，自号苦瓜和尚，每餐不离苦瓜，他把苦瓜作为案头的清供，把苦瓜视为自己的精神信仰。他的画里，有一种似苦瓜所散发的清韵，别致独到。

苦瓜是他创作的灵感来源。

即便恋爱中的青年男女，亦不妨一起吃吃苦瓜。

何妨撒着娇对TA说：“傻瓜，让我们一起吃苦瓜。”

扫描二维码，可收听本文

将人生全参透，再来喝这杯鸡尾酒

前几天，外地朋友来京，闹着去南锣鼓巷，一堆酒吧，倒无选择恐惧症，直接进了过客的门。这家泡了多年，仍是原来样子。

过客有最懒散的氛围，有美味的羊肉串比萨，还有文艺气质的鸡尾酒，比如那杯“about 35”，菜单上说，35上下又怎么样了呢——可能不再艳丽，但是些许的苦涩味道却使它变得密厚，在回味之中因之也多了一些更丰富的感受，或者说这是“渐入佳境”的开始?

喝一杯鸡尾酒，又似在体味人生。

文艺青年需要这种矫情，店家便把它做成产品，喝得人心有戚戚，有点苦，有点涩，又有点浓烈，35岁的你感同身受，往事沉浮心头，眼睛稍有湿润。

事实上，它不过是一杯酒，无须这般矫情。可矫情才是文艺青年的特质啊。人生无趣，适当矫情，才会过得丰满些。

多年前到郑钧的酒吧里小坐，点了杯“灰姑娘”，味道色泽全忘了，只记得有股艳丽的甜味，这才不是我要的灰姑娘。我理解，灰姑娘从不被人关注，经常躲在阴暗的角落里独自啜泣，又或者眉头紧锁，似有万千心事。所以，作为鸡尾酒，它应该是微苦的，酸酸的，抑郁的，可惜，它不是。

从此再也不去那间叫“锦衣玉食”的酒吧。想想真可笑，那时的我也很矫情啊，虽然从不承认自己身上有文艺青年的特质。

某次，一个白富美朋友搞家庭派对，邀请我们一群人去玩。她拿出家中所有的酒，说，干脆自己调配，想喝什么就调什么。气氛一时热闹，各自动手，调得那叫个乱七八糟，各种颜色的酒精、饮料、果汁被乱调一气，五彩缤纷，叫人想笑。

我玩得出格，用她家的二锅头做基酒，添加了橙汁、糖浆、冰块以及几片薄荷叶，起劲地摇晃，取名“青春期”，有人尝了，哇一口吐出来。

我尝别人调制的鸡尾酒，发现多数偏甜，清新，宜人。顿觉潜意识里，人们都向往着微甜的生活，不想和这个世界有太多冲突。参加派对那会儿，大家都还年轻，对世界的认知较为单一，经历过几年的酸甜苦辣之后，如果再聚，每人还会调一杯原来的鸡尾酒吗?

说到底，鸡尾酒是调和的艺术，总喝烈酒或葡萄酒太乏味——鸡尾酒提供的是另一种可能，它丰富、多样，有各种可能。

想想我们或漫长或短暂的人生，又何尝不是一杯鸡尾酒。每个人都是自己的调酒师，根据个人的理解和偏好，往这杯酒里倾倒酸甜苦辣咸；每个人又是自己的品酒师，端着自己调制的那杯酒细斟慢饮，认真体会，舌尖嘴角尽是滋味。

鸡尾酒适合那么多的人群和场景：无论甜蜜的情侣，或者寂寞孤独的游者，远走海角天涯的浪子……久别的旧友重逢，众人欢聚的派对，轻松温馨的毕业晚会……甚至下半夜你在窗前独坐，远处传来浅吟低唱的jazz，都可以调制一杯与当下氛围相配的酒，体味现实心境，让味道从舌尖一直穿到你的心底。

还记得《国产凌凌漆》里那个风度翩翩的猪肉王子吗……一杯dry martine，将他的忧郁气质彻底出卖。

嗯，马天尼才是鸡尾酒之王，浓烈的香气，微甜的味道，醇厚的口感，谁不为之倾倒?!

美国著名的作家、漫画家詹姆斯·瑟伯说：“一杯马天尼鸡尾酒就足够了，两杯就太多，可是三杯又太少了。”

食神是如何炼成的

最近两年，与朋友见面，常聊起日本人的设计和生活。

聊得越多，感慨就越多，为什么人家可以世世代代只为打好一把铁壶？为什么人家可以有无印良品这样的品牌？为什么人家能生产出好用的马桶？为什么人家的手账做得那么精致？为什么人家可以设计新意迭出的产品？

想想泱泱中华，缺的必不是人才，亦不是手艺，为何相较之下却显黯然。

也会说美食，人家为什么有那么多食神。

好吧，咱先将问题搁置一边，来说说食神的那些事儿。

小野二郎 & 数寄屋桥次郎

年逾九十岁的小野二郎，是全世界最年长的米其林三星主厨。他从事寿司制作已超过半个世纪，虽至鲐背之年，仍然坚持工作，不断追求进步，“将寿司做得更好一点”。

就凭这，就已令吾辈感佩不已。

记录片《寿司之神》里，接受采访的美食家说，在小野二郎面前用餐，心情稍微有些紧张，这紧张大约是因为二郎对食物制作的严谨态度。

小野二郎的寿司店“数寄屋桥次郎”，开在东京银座的地下室，空间狭小，只有十个座位，无独立厕所，朴素得不能再朴素，普通得不能再普通。即便如此，却总是顾客盈门，吸引了世界各地闻风而至的老饕，店内需提前一个月订位，一餐限定在15分钟之内完成，单人最低消费三万日币（合1600人民币左右）。

而且，店里没有菜单，只有当日主厨定制菜，也不卖其他菜品，甚至没有饮品供应，仅有手握寿司。

这大概也算是餐饮界最伟大的传奇之一了。

小野二郎用自己的不变——对品质的永恒追求，来顺应这个世界的万变——食客口味的复杂要求，正因如此，他的小店才在瞬息万变的当下赢得了食客的胃，赢得了美誉和敬仰。

他坚持从最好的鱼贩子那里买鱼，从最好的虾贩子那里买虾，从最好的米贩子那里买米，凡事亲力亲为，事必恭亲。他和菜贩子们之间，建立了一种互相信任的关系，凡有品质优良的食材，他们第一个想到的就是“这个可以卖给二郎”。

一流的食材，是握出上佳寿司的基础所在。

而制作寿司的过程，他更是严格把控，从醋米的温度、腌鱼的时间长短、海苔的烤制、肉的厚度，老人家都是亲自监督。为了让顾客吃到最佳口感的鱿鱼，寿司师傅须对鱿鱼进行四十分钟的人工按摩，为了掌握米饭的口感，店内蒸米锅上需要加盖重物，蒸出不一样的米饭，然后人工用扇子扇凉，让米饭与人的体温近似。

凡此种种，才有了这个星球上最可口的寿司。

二郎先生是个左撇子，悉知种种不便，他会根据顾客的性别、用餐习惯精心安排座位，时时关注客人的用餐情况，并做出适当调整。比如，会为左撇子顾客调整摆放位置，女性的寿司会比男性的小一些，等等。

在二郎的店里做学徒，首先必须学会用手拧毛巾，毛巾很烫，一开始会烫伤手，这种训练很辛苦。你没学会拧毛巾，就不可能碰鱼；然后，你要学会用刀和料理鱼。

十年之后，他才会让你煎蛋。此一件小事，便看出料理职人的严苛程度。

小野二郎说："我一直重复同样的事情以求精进，总是向往能够有所进步，我继续向上，努力达到巅峰，但没人知道巅峰在哪。我依然不认为自己已臻完善，爱自己的工作，一生投身其中。"

早乙女哲哉＆是山居

15岁中学毕业，早乙女哲哉跑到东京打工，他的梦想是当个寿司师傅，一个月赚上两万。当他偶然听人说起天妇罗师傅一个月可以赚三万时，毅然进入天妇罗料理界，一干就是五十年，然后成了"神"。

他用自家的房产开了家店，取名"是山居"，现在这家店成为东京的料理圣地，想吃美味的天妇罗，是山居是必去之地。

是山居遵循"不时不食"之原则，早乙女哲哉将食材手绘成菜单，供客人点单之用，鱼虾生鲜和各种蔬菜山珍，无不栩栩如生。更有客人吃过美味的天妇罗之后求签名，他心情若好，也会在菜单上画虾一对，一笔一画，签上名字后送给客人。

光看这趣味雅致食单，就有一种活泼轻松的快感，胃底忍不住蠕动起来，跃跃欲试，想要先尝为快。

老先生镇守料理台，专心致志炸制食物，从来默默不语，但客人一举一动，他都看在眼里，贴心地应和着客人的进食节奏，掌控餐桌上的大局。那风度架势，颇神似驰骋疆场的将军，面不改色，镇定自若。

天妇罗是日式料理中的油炸食品，用面粉、鸡蛋与水和成浆，将新鲜的鱼虾和时令蔬菜裹上浆放入油锅炸成金黄色。吃时蘸酱油和萝卜泥调成的汁，鲜嫩美味。天妇罗是对油炸食品的总称，按照食材不同，则可分蔬菜天妇罗、海鲜天妇罗、什锦天妇罗，等等。

"天妇罗"一词本源自葡萄牙，已有150年的历史。基督教斋戒期间，葡萄牙水手不能吃肉，于是用油炸海鱼。日本人受其启发，遂引入这一料理方式，使天妇罗渐成本国最受欢迎的平民食物。

天妇罗衣以鸡蛋面糊为最多，调好的面糊叫天妇罗衣，做面衣用的面粉，日语叫薄力粉。就是面筋少的面粉。这种面糊做出来的天妇罗挂面薄而脆，且夏季调面糊的水最好是冰水。

但不要以为天妇罗仅仅是裹上面糊，简单炸制了事，真要做出像早乙女哲哉一样的美味天妇罗，还真真要下些功夫。

最上等的天妇罗，须完全遵循“不时不食”之原则，比如春季的白鱼、夏季的鲇、秋季的松茸、冬季的河鲀白子，一旦过季，即从菜单上拿下。且产地和规格都有要求，有一些特别苛刻的食材，像虾和银宝鱼，就非用东京湾的野生货不可。

面糊调制也是关键。裹面糊是为确保将食材中多余的水分蒸发，但又不至于太生或太熟，食材的本味一定得留下。

炸制也很重要，按照早乙女哲哉的说法，炸是烤和蒸的组合，食材表面的水分，一下热油锅，即刻开始脱水，外表水分去尽，就进入烤的状态。食材内部的水分遇热蒸发，等于是蒸。借助于这两步，将食材的本味得以最大程度地呈现。

“虽然是炸，其实就是对水分的控制。我不认为天妇罗就是炸这一种烹饪方法，在油炸当中，其实是将蒸和烤同时进行，这是食物能否美味的不二法门。”

早乙女哲哉炸制天妇罗，不使用温度计，只靠经验判断油温和食物的成熟度，他的秘诀是“听音”，听油锅的声音，凭细微的声调变化，来掌握食材的状态。

金本兼次郎 & 野田岩

金本兼次郎与小野二郎、早乙女哲哉合称“江户前料理三神”，金本兼次郎与另两位不同的是，他出身于料理世家，是著名料理店野田岩的第五代，其他两位都无世家背景的优势，全凭自己努力，一步一步成为料理之神。

五代目野田岩的麻布本店，距东京铁塔一街之隔，在现代化的繁华都市里，它却是一栋颇为古典雅致的旧式小楼。这家店从江户时代经营至今，是开业超过160年的“五代”老店。

鳗鱼的选用，有海鳗和河鳗之分，河鳗又有人工和野生之分。

海鳗吃起来口感像蛇，而河鳗吃起来肥厚温醇。人工和野生的亦有很大不同，行家一吃即知，肉质的鲜美程度相差悬殊。

野田岩则只选用野生鳗鱼。野生鳗的皮和肉之间有一层厚厚的肥膏，肉质紧致，确属上品。

鳗鱼先蒸后烤，熟透之后涂上特制的酱汁再烤，外表油亮，口感细腻，再配一碗好米饭，当然会吃到津津有味。

野田岩的鳗鱼饭为何能够独树一帜，金本兼次郎大概道出了个中缘由：“我凭着自己的感性在烤鳗鱼，是火盆上的战斗，火的强弱、摆放的位置，这些微妙之处是作为职人必须去追求的。”

说到底，就是不放过任何一个细节。

他又说：“首先要蒸了，然后放在炭上烤，待皮和肉之间的脂肪烤到全熟为止，要翻三十六回，蒲烧的话一面烤一面淋酱汁，四次左右。没有死硬规矩，靠眼睛看，靠鼻子闻，直到颜色漂亮发光、闻到脂肪油滴在炭上的香味够格为止。”

日本何以盛产食神

除了以上食神外，当然还有清酒之神农口尚彦、拉面之神山岸一雄等。

日本为什么盛产食神？菜馍君以为，大概不出三个原因。

首先是社会大环境鼓励传统的存续。这个话题说起来太大，包括政府的鼓励、民间善待传统、合理的价值回报等，使得许多传统的美食得以存续和提升。

其次是职人精神。关于职人，从无准确的定义，但在某些层面上，它代表着精益求精，坚韧不拔，以及对传统的守护。

韩国中央银行曾对四十一个国家经营历史超过百年的老铺企业做过一个统计，发现有二百年以上经营历史的共有五千五百八十六家，其中日本占了三千一百四十六家而居榜首，所以可把日本称为“老铺大国”，而支撑老铺的便是职人。

一辈子只干好一件事，将事情做到极致，是许多职人的生存模式。

最后是个人的努力和天才。正如小野二郎所称，“在这行里，只要够认真，手艺便会熟练，但若想扬名立万，就需要天赋，剩下就看你有多努力”。

英雄，让我们一起啃个馒头，谈谈人生

没有馒头的人生，肯定是不完美的人生——南方人未必同意，山东人肯定认可。凡领略过“无馒头可吃”那种极端痛苦的山东人，大约都会像我一样，格外珍惜有馒头的日子。

每次去南方，都为吃不到馒头而犯愁。饭菜固然精美，小吃也特别诱人，但在我的美食价值体系中，都比不过家乡的一个馒头。贺敬之写诗说，“几回回梦里回延安，双手搂定宝塔山”，我是“几回回梦里回××城，啃着馒头就大葱”。至今仍然记得，在厦门待的那仨月，简直就是梦魇——只吃过一次馒头。

闽南人对馒头的误解太深，他们蒸出来的馒头，在我看来根本不算是馒头——那是个未蒸熟的面团，无比松软，没有嚼头，还有点黏糊糊。咬在嘴里，跟嚼棉花一样。

北京馒头供应充分，我方有如鱼得水之感。后来了解到，在北京吃过的那些馒头，90%以上由我鲁西南人民出品。鲁西南的馒头，在首都的面食市场上，拥有无与伦比的垄断地位。究其原因，一、个儿大；二、味道好。

以至于现在，凡市内各处卖馒头的地方，皆挂招牌曰“山东戗面大馒头”，有此招牌，准保好卖。据说现今有数万家乡人民活跃在北京的馒头界。

卖馒头是个苦力活，一个馒头，利润无多，必须靠销量才能挣到钱。早晨三四点，天儿乌七八黑，便要起床，和面，发面，团馒头，上蒸笼，出笼，然后才可售卖。纯手工出品的馒头，要一个一个团出来，特别耗费体力，蒸馒头的人，累到腰酸腿疼，多落下职业病。

馒头蒸出来，一部分在店里零售，供应附近居民，另一部分被运往城市的各个地方：机关食堂、工地、副食商店……鲁西南人民在填饱首都人民肚子的问题上，立了大功。

世界再怎么发展，科技再怎么发达，改不了的是“民以食为天”，馒头就是这天的一部分。

有些老乡凭勤劳，靠蒸馒头发了财，买了车，购了房，甚至在北京安了家。他们需要城市，城市也需要他们，这种相互需要的感觉，在一定程度上，就是他们的“中国梦”。

家乡有个叫杨忠杰的汉子，在鼓楼附近卖馒头二十年，其间共蒸出几十万只馒头，因为质量超群，杨氏手工馒头名声大噪，颇受欢迎。一些搬迁到郊区的市民，因怀念他蒸的馒头，会坐十几公里的车，回来鼓楼买。

BTV 曾为这个朴实的山东汉子拍过一短片，镜头里，杨忠杰脸上洋溢着自食其力的幸福感，以及被人需要的那种满足感。他说，看到这么多人吃自己做的馒头，特别有成就感——靠着一分一分挣来的钱，他买了奔驰，但从车里出来，他仍然执着于自己的馒头事业。

吾堂妹娜娜，前几年和丈夫来北京卖馒头。他们的店，在四季青桥附近的菜市场。有次抽空去看他们，从早上四点到下午两点，两人一直团团转。如此一天下来，纵然可以挣千余块，但若无过人体力，又不能吃点苦，断断支撑不住。

面食行业本就利润低微，馒头市场亦愈加饱和，各地馒头趁机来抢占山东馒头的市场。越来越多蒸馒头的年轻人，面对微利，开始把眼光转向更广阔的天地。

某兄曾拉我参加一小型老乡会，中心议题是为那些先前卖馒头现在想转行的年轻人出主意想办法，提供新思路。我未经过商，提供不出有价值的意见，但很乐意听他们聊聊关于馒头的故事，以及未来的理想和愿景。

比之守在土地上耕种的父辈，这些到城市里闯荡的年轻人，有着巨大的野心，灵活的头脑，以及对市场的深刻认知，他们不再满足于微薄的利润，想要寻机敲开更大市场，获取更多的机会和成功。

席间有人说，想开个连锁超市，最好是7-11那样的，里面也可以卖馒头；有人说，想要开餐厅，高档的那种，主食提供高端馒头；有人说，想要做有机食品生意，比如“绿色馒头”，那应该是一个巨大的市场。

听他们说这些，甚欣慰。

这些年，生活习惯变不少，但对馒头的热爱，没减过一分一毫。每次去菜市场，路过馒头铺，我一眼便可以看出，哪家的馒头好，哪家的馒头差。

掰开一个馒头吃，细细咀嚼，口腔里弥漫着馒头独有的微甜，幸福感一涌而上。吃着馒头我常常想，一切都会过去，一切都会到来。

有馒头，何所畏。

这世界上的许多真理，都掌握吃货手里

翻翻中国文化史，冷不丁发现一个道理，“吃得越好，贡献越大”。

菜馍君仔细推敲了一下，逻辑大约是这样的：吃饱穿暖，才有精力干活，诗词歌赋、著书立说，礼啊乐啊这一套，说到底是有闲有钱的人鼓捣出来的。

吃得越好，证明越有钱，对文化的贡献便越大。

有人反对，你胡说八道。

杜甫穷成啥样了，不照样称诗圣？曹雪芹流落香山了，不照样写《红楼梦》？

别闹。

杜甫不是真穷，是装穷，快别被他的哭穷诗给骗了，但看他纵游吴越，放荡齐赵，与李白、高适浪迹梁宋，都算得上发烧级的驴友了，装备盘缠断断不少；更别提“余有田园在东京”了，哪里只是东京啊，杜家的产业遍布各处，他根本不算真正的穷人好嘛。

依我看，至少是个中产阶级。

至于曹雪芹，也不能叫穷，人家好歹是落魄的贵族。即便曹氏惨到被抄家，曹雪芹还有个王爷亲戚好嘛，表哥是平郡王福彭，姑妈是福彭的亲妈，有这门亲戚怕神马？即便平郡王败落，曹雪芹流落香山，身边还是有几个资助人啊。

菜馍君还发现另一个道理：越能吃，越会吃，连讲个道理都用吃打比方的，就越受人民群众欢迎。

今儿要说的，就是能吃会吃又爱用吃打比方的两个顶级吃货。若缺了他们，中国文化就太无趣了。

老子活了100多岁，也有说200多岁的，反正很长寿就是了。

电视上经常有记者采访长寿老人，一成不变的话题是，“平时都吃些什么？有什么养生秘诀？”

要追究老子吃什么，实在难为了咱们，不过还是有一点蛛丝马迹。比如他那句著名的“治大国若烹小鲜”，就暗藏着他曾食用过“小鲜”的信息，小鲜是什么，有人说是小鱼，有人说是小虾，也可能是小蚂蚱什么的，我估计他常吃小鲜，按此推理下去，他家附近可能有个池塘，或者有个售鱼虾的菜市场。

老子是图书馆馆长，算拿俸禄的公职人员，估计算不上大富大贵，但比平民百姓的生活条件还是高出几个档次的，吃几回小鱼小虾也正常。

鲁迅在《出关》里讲到老子西出函谷关，关令尹喜送给他“一包盐，一包胡麻，十五个饽饽”，想来也不是瞎写，倒是符合老子倡导的简单朴素之生活作风。胡麻就是黑芝麻，估计是和盐混一起捣碎了蘸着饽饽吃，菜馍君小时候，老家的人们在缺菜季节就吃这个，取名“芝麻油盐”。

老子饮食，想必是个极有原则的人，讲究也不少。

他特别强调，无味才是真味，山珍海味神马的，没必要天天吃，也没必要多吃。我就猜，老人家年轻时一定吃过不少山珍海味，一直吃到伤胃，既有这般深刻教训，才可能云淡风轻地写出“为无为，事无事，味无味”这种饱含哲理意味的句子。

想想看，一个从未吃过鱼翅的人，天天跟别人抱怨鱼翅很难吃，有说服力吗？

怕年轻人不听他劝，又特别强调，“五味令人口爽”，山珍海味吃太多，最终会坏胃口，得胃病，进医院，很痛苦。So……你们看着办。

注意，老子是说不要多吃，但不等于说不吃。

老子还是养生家，讲究饮食适度，切忌暴饮暴食，都很符合现代的健康理念，他说“为腹不为目”，吃饱即可，不必贪多，如果看到的都想吃，那就坏了。

孔夫子是个有意思的人，学生交不起学费，那就送十条干肉吧。为毛是干肉，因为那会儿冷链不发达，鲜肉不禁放。我估计，夫子家里的干肉一年到头吃不完，怎么办？

以他悲天悯人的个性，怕又拿出来分给学生和邻居呗。

夫子吃肉有严格的标准，即所谓“八不食”，“鱼馁而肉败，不食。色恶，不食。臭恶，不食。失饪，不食。不时，不食。割不正，不食。不得其酱，不食”，这个标准，大可以挪到时下，颇有点健康饮食理念的意思。

臭鱼臭肉，腐烂变质，当然是不能吃的，大概是当时经常发生食用臭鱼臭肉的情况，老人家才提出这样的警告。特别是夏天，鱼或肉放小半天就会变味儿，很多人家舍不得扔，引发了肠胃炎或其他病症。

难看的不吃，难闻的不吃，过生过熟的不吃，不是当季的不吃。

至于割不正，大多数人都以为是刀工不好，将肉割得歪歪斜斜。这可能搞错了夫子的本义，这里的“割不正”，很可能是不按当时的规矩切割，而增加了动物的痛苦，这样的肉也就不能吃了。

说到菜馍君的心坎里去了。

赵元任先生的夫人杨步伟曾批评夫子，“他只吃方方正正的肉，那谁吃他割下来的零零碎碎的边边呢”。这实在是对“割不正”的误解。

夫子说“食不厌精，脍不厌细”，表面上理解，似乎是食物越精致越好，肉切得越细越好，个人觉得，这是老人家的营养学，食物精致，肉丝细溜，都有助于消化和吸收。

在夫子那个时代，中国人还没有开始喝茶，除了运动也无其他的助消化方法，所以，食物的精细是很有必要的了。

对食物要求越严格，各种病毒就越无机可乘。想想夫子能在战争频仍、缺衣少食的生活状态里活到73岁的高寿，“八不吃”自然功不可没。

八不吃之外，他还讲究肉食和粗粮的搭配，他强调说，餐桌上肉再多，但所吃不能超过主食之数量，肉吃多了不好消化嘛。

倒是对喝酒，夫子并无严格限制，且希望大家喝到尽兴，但尽量不要喝醉就行了。想来老人家的酒量还是不错的，身边那么多学生，一人敬他一杯，足够他喝一壶了，但很少听说他醉过。

饮食有标准，吃饭讲礼仪。

夫子说，“食不语”，吃饭的时候不能说话。即便吃的粗茶淡饭，开饭前也要祭一祭祖先或鬼神。

在他看来，这是基本礼仪，是必须遵守的日常行为准则。

别看他对食物如此重视，他所喜欢的生活态度，却都是简单质朴的——比如“一箪食一瓢饮”的颜回，就被他拿来大加赞赏。

那他讨厌什么?

当然是“耻恶衣恶食者”，在老人家眼里，一味追求生活享受的人，是没资格做学问讲道德的。

最佳伴侣，原来是你

小时候，我觉得全世界最好吃的一道菜，是糖拌西红柿，酸中带着甜，甜中透了酸，小孩子对酸和甜最无抵抗力，吃起来狼吞虎咽。

白糖与西红柿，是前世修来的缘分，它们走到一起，成为最佳伴侣。

只有最佳伴侣，方能配合出天衣无缝的美味。

几乎每一种食物，都有最佳伴侣，互相离不开对方。有对方的配合，才能成就一道完美的菜，若没有对方，只能是孤家寡人，形影相吊。

就像煎饼果子缺了鸡蛋，小葱拌豆腐没有香油，吃早餐时只有豆花却无油条，都算遗憾中之遗憾。

牛肉的最佳伴侣是土豆，做法只能是炖，小火慢炖，待牛肉粒上有了土豆泥的包裹，土豆里有了牛肉的浓香，这菜道才算大功告成。吃它时，用勺子才过瘾，舀满满一勺放嘴里，有筋道的牛肉，厚实绵软的土豆块，又有浓郁的汤汁，感受多层次，丰富又立体。

三文鱼的最佳伴侣是芥末，最新鲜的三文鱼，解冻切片，蘸芥末，放嘴里，冰冰凉凉，肉质细嫩，又特别软和，杂糅了芥末的冲劲，吃下去，从口腔到喉咙到胃，都释放出特别的兴奋。试想，没有芥末，这菜就无法叫人印象深刻。芥末之于三文鱼，便是最佳伴侣。

有些食物，最佳伴侣并非唯一，皆因为与它相配的食物，都是妙搭，美味程度难分轩轾，皆可以称为“最佳伴侣”。

比如，与豆腐绝搭的，有小葱，是为“小葱拌豆腐”，一清二白，清新爽口；还有香椿，是为“香椿拌豆腐”，同样清新，却多出浓郁香气。两道菜做法相同，都很好吃，难分辨谁是第一，谁是第二。

又比如，与面包绝搭的，有黄油，拿两片吐司面包，中间抹一层黄油，放微波炉加热半分钟，拿出来便能闻到一股香甜的味道，趁热吃，特别美；还有冰淇淋，这些年，许多茶餐厅都流行将新烤的面包与冰淇淋结合，一边是凉，一边是热，拿一片面包蘸冰淇淋吃，冰火两重天的感受实在让人难忘。

天太热的时候，我常去咖啡馆写东西，为节约时间，午饭或晚饭常直接在咖啡馆里就地解决。我如果点茶，就配个小点心，如果点咖啡，就来块三明治。茶与小点心是一家，咖啡与三明治是一家，换了搭配会觉得特别扭。

当然，每人口味不一样，心目中最搭伴侣亦有不同。你热爱酸甜口，他喜欢麻辣味，各有所好，各有道理。

但有些是铁律，却不容改变，比如老北京炸酱面，那酱只能用甜面酱或黄酱，如果换成沙拉酱，那就不是老北京炸酱面。那菜码儿也讲究，只能是那几样，你给人家换成别的蔬菜，那它也不是老北京炸酱面。

好东西就讲究个正宗。就像到上海吃小杨生煎，得来碗牛肉粉丝汤搭着，一口生煎一口汤，才能吃出它的绝妙。

在我老家，什么菜与什么菜搭配都算约定俗成，比如春节包饺子，猪肉一定配白萝卜，羊肉一定配胡萝卜，喝粥时必须有咸菜丝儿，炒白菜一定搁粉条儿……在中国，大约每个地方，都有这种约定俗成的搭配，是各个地方人们心中的最佳伴侣。

菜无伴侣，流于单调；人无伴侣，容易寂寞。而什么食材最为般配，并无绝对固定之法，还需根据个人口味长期摸索总结，凡符合自己口味的搭配，皆可称最佳伴侣；凡适合自己脾性，相处自然舒服的，皆可称为最佳伴侣。

所以，吃螃蟹时，务必喝点白酒，凉拌茄子要放点蒜泥，做啤酒鸭或者啤酒鱼，没有啤酒怎么行？

哎哟哎哟，要不要在一起

几年前，有网友在微博贴图，介绍华东师范大学推出的雷人新菜“玉米炒葡萄”，一时引来热议，众网友群起效仿，纷纷“揭发”高校名菜，比如武汉大学的苹果炒西瓜、福建师大的月饼炒辣椒、重庆大学的水果炒肉……奋战在第一线的高校厨师们，针对师生们日益挑剔的口味，“以迅雷不及掩耳盗铃之势”，推出一道又一道叫人耳目一新的菜品。

高校食堂俨然已成为中国第九大菜系，吃货们有福了。

也有不解风情的网友，接受不了这创新，直接吐槽：“你们是在汽修厂学的厨师么？”

先不论好吃与否，单说这逆天的精神，就值得嘉许。吃过大食堂的人都懂，同样的几道菜，即便无比美味，连着吃个把月也想吐。在绝望之际出现个“玉米炒葡萄”，至少可以让莘莘学子眼前一亮，精神大振，增加些继续走进食堂的勇气。

玉米遇到葡萄，月饼邂逅辣椒，从没有机会相逢的它们，踏遍千山万水，终于走到一起，是悸动，是喜悦，是幸福，还是失落？忍不住想唱范晓萱的歌：“哎哟，哎哟，哎哟，你说你说我们要不要在一起？”

食材各有特性，搭不得搭得一起，得看这特性是否融洽。像有些菜中的食材，似乎就是硬搭，却一直流行，比如我无法理解的两道菜：一是黄瓜炒鸡蛋，一是木须肉。

黄瓜凉拌最佳，熟吃便稍有些勉为其难。若与鸡肉炒或炖，还算过得去，但与鸡蛋搭配，总觉得不伦不类。难道鸡蛋炒韭菜不是更好吗？鸡蛋炒辣椒不是更棒吗？干吗非得和黄瓜搅和在一起？

木须肉更是不可理喻，光看食材，鸡蛋、猪肉、黄花菜、黑木耳、黄瓜，谁也不挨谁，放一起炖锅汤，勉强说得过去，但把它们放一起炒靠谱吗？与朋友一起去餐厅，为何总有人会点这道菜？

哎哟，哎哟，哎哟，它们为什么在一起？

我最爱的餐厅之一甲21号招待所有道菜，叫豆斗豆，是豆角和土豆，土豆放盘的一端，豆角放盘的另一端，彼此对望，貌似没啥关系，既然如此，又何必让它们出现在同一个盘子里？做一盘红烧土豆不好吗，做一盘炒豆角不行吗？不过，再回头一想，点一盘菜，能吃到两种味道，甚划算，这“豆斗豆”的名字，也算新鲜有创意。

其实，土豆和豆角在一起，早有先例，著名的东北乱炖里，它俩可是绝对不能缺少的主角，土豆与豆角都是吃油的食材，加入排骨一起炖，那香味真叫诱人！

自己在家做饭，也难免吃得厌烦，有时心血来潮，乱做一气，各种混搭，确实刺激。比如，我曾受东北乱炖启发，将土豆、荸荠、豆腐、茄子、西红柿、黄瓜、排骨炖了一整锅，味道竟也不赖，连吃整整三顿。

曾有机会，与三位朋友到杜丽家做客，每人贡献一道菜，我做的是“胡萝卜炒土豆”，没想到大获成功，被众人光盘。这两种食材搭配的机会少，主要是难把握火候，土豆要烧透，胡萝卜要烧软，有一种处理不好，整盘食材就废了。

创新是创新，也不是所有的食材都能搭。食材间有相生相克，有些菜天生就是劲敌。

比如，猪肝与番茄、辣椒相克，猪肝中含有铜、铁，能使蔬菜中的维生素C氧化。

比如，羊肉与栗子相克，两者皆不易消化，同炖或共炒都不

一辈子只干好一件事，将事情做到极致，是许多职人的生存模式。

小野二郎用自己的不变——对品质的永恒追求，来顺应这个世界的万变——食客口味的复杂要求，正因如此，他的小店才在瞬息万变的当下赢得了食客的胃，赢得了美誉和敬仰。

独家食谱之腊肉炒茄丁

主料：茄子、腊肉

辅料：葱、姜、蒜、香葱、青椒、菜椒、小米辣、食用油、生抽、醋、糖、盐

1. 茄子洗净，切成小丁，加盐拌匀，放置15分钟后挤干水分。

2. 腊肉上蒸锅蒸熟，切成碎粒。

3. 葱白、姜、蒜、香葱切末。

4. 青椒切丁，小米辣切粒。

5. 炒锅内倒一点油，放入茄丁翻炒，将其炒软后盛出。

6. 续一点油，爆香葱白、姜、蒜，放入青红椒翻炒。

7. 加入腊肉炒匀。

8. 放入茄丁翻炒。

9. 生抽和醋，一点糖，加点水调成汁，倒入。

10. 大火翻炒，收汁后撒上葱绿即可。

相宜。

比如，鸡肉与芥末相克，两者共食，恐助火热。

比如，螃蟹与泥鳅相克，功能正好相反，不宜同吃。

不唯食材之间相生相克，人也一样，当急性子遇到慢性子也就没了脾气，当居家男遇到酒吧女也就没了主意，当乐观者遇到悲观者就有了天敌。

所以，如果明确知道不可以在一起，不如就此回避，不必再浪费时间消耗精力。

惹不起还躲不起？

菜市场里有无限人生

这几年，练就一身宅男功夫，大门不出，二门不迈，偶尔见个朋友，经常上街买菜，今儿说说菜市场里边的故事。

早上的菜市场最兴旺，熙熙攘攘，喧闹嘈杂。挤在买菜的人群中，常常无来由地感动。说起对生活的热爱，诗人永远比不了人民群众啊。

诗人大多只会感慨：我热爱着生活/热爱那些/少女的情怀/炽烈的骄阳……抒情总显苍白无趣；人民群众从来不说这般矫情的话，他们只用实际行动证明：我热爱生活，生活也热爱我。

看他们选菜、询价、杀价、成交……一气呵成，流畅顺利，买者笑意盈盈，卖者数钱找零，各取所需，气氛融洽，日常凡俗生活的趣味在一买一卖当中显露无遗。

沿菜市场走一圈，心神愉悦。

喜欢看菜农们用厚纸板自制的广告牌：卖西瓜的上面写“带走我，甜你一个夏天！”卖玉米的写“哇哦～～香美可口，特别黏牙，还在犹豫吗?”卖圣女果的写“好吃不贵，营养丰富，喜欢再来”。卖馒头的最自信，只挂个“山东戗面大馒头”的招牌……菜农们写的字，大多歪歪扭扭，斜逸旁出，却产生一种特别的效果，自然、放松、有趣，非4A广告公司那些正襟危坐的精美广告文案可比。

逛菜市场，亦是上一堂植物课。常遇到自己未曾吃过的蔬菜，心下好奇，若摊主不忙，便停下来跟人家扯几句，问这菜叫什么名字，有哪些做法，菜农大多热情，回答一律朴实，不厌其烦地告诉你做菜的方法步骤，颇为受用，忍不住买了回去试验，我无做菜天分，常弄得一塌糊涂，味道不佳，多次倒掉了事。

前几天，意外发现小时候常吃的荆芥和马蜂菜（学名马齿苋），甚是兴奋，生怕人家卖光，赶紧抢了两捆。摊主问，你是菏泽人？我大吃惊，这如何能看出来？

摊主说，吃荆芥之地区，仅有河南大部，山东菏泽，以及河北小部。

我把荆芥拍了图发微博，有安徽网友说当地亦食荆芥，又长了见识。荆芥味刺激，与黄瓜绝搭，凉拌当为消暑的上等佳品。马蜂菜营养高，可炒可煮，家乡人民常做成“菜坨”（一种菜卷子），味道美得不像话。

逛几年菜市场，大浪淘沙，最爱的只剩几家：老王家的手擀面，一对小夫妻的豆腐坊，某妹子的青菜摊，黄桥烧饼铺。几家各有绝活：老王夫妻俩只售面条，全过程手工，擀面条是力气活儿，每次看老王都满头大汗，下此功夫，面条当然筋道；小夫妻豆腐坊供应各类新鲜豆制品，五香豆干、卤水豆腐为其二绝，切豆腐功力也了得，给多少钱，切多大块，丝毫不差；青菜妹子的青菜，永远水灵灵透着鲜嫩劲儿；刚出锅的黄桥小烧饼，焦脆香酥，咬一口，掉了许多芝麻。

于我而言，逛菜市场是难得之悠闲，亦是放松之手段。烦了，累了，不爽了，就到菜市场透透气，跟人民群众一接触，立马觉得自己有了生机，就像一棵蔫巴的大白菜，浇了一桶水，瞬间变精神。

我喜欢的作家刘震云，是个菜市场达人，他和卖水果的胖子交朋友，和钉鞋的湖北师傅成知己。刘说，在菜市场，蕴涵着人世间最深刻的哲理。

这话，我信。

铁棍儿姑娘，今晚让我们聊聊山药

有一晚去某家素菜馆儿吃饭，同伴点了道“清炒山药”，色泽白嫩，口感清脆，一口咬下去，我突然想起一个叫“铁棍儿”的姑娘。

认识铁棍儿的时候，天涯论坛正红得发紫，我一天到晚泡在“音乐天地”。经常看到一个ID叫“最好吃的铁棍儿姑娘”，往坛子里拼命灌水发广告，推销她的山药，灌得整个论坛都烦她。

版主威胁说：“再发广告封你ID。”

铁棍儿就没再发广告。

她老老实实写起了帖子。这姑娘的广告文案写得硬，但她发的音乐评论帖，嬉笑怒骂，自成风格，篇篇汪洋恣肆，一泻千里，读来甚是过瘾。

她说，麦当娜屁股都松成橘皮了何必再卖弄风骚；她说，迈克尔的脸都漂成凉皮了何必再自寻烦恼；她说，中国摇滚是后妈养的自幼发育不良；她说，电音会毁掉世界，木吉他才可以拯救灵魂；她说，李宗盛太絮叨，罗大佑太闹腾，没事陪陪太太、遛遛狗不是很好吗？

版主看到忍不住加红，网友看了忍不住狂顶，一时之间，卖山药的河南妞成了音乐天地版人气最旺的作者。

没有人再讨厌她。

她帖子的回复里，开始有人说：“铁棍儿，你这篇真赞，我要买你的山药。”

慢慢地，要买山药的人多起来，铁棍儿便应大家要求甩一个链接附在后面，便有人真的去买了铁棍儿的山药。买过的人又来帖子里评论说："铁棍啊，你家的山药真不错，沙沙软软，像农夫山泉有点甜，再来十斤！"

那会儿人们还没有网购习惯，很多人不会使用支付宝，但为了买铁棍儿的山药，很多人开通了网银，学会了支付宝。

我也经常回复铁棍儿的帖子，慢慢混熟，互加了QQ。有天后半夜，忘了什么由头，我和铁棍儿聊了三个小时的天。

铁棍儿说，她在清华读研，业余淘宝开店，帮助家乡人推销山药。家乡在河南温县，山药年年堆积如山，当地价格太低，根本赚不到钱。她在北京卖，乡亲们从温县发货。

我说："温县我知道，陈氏太极的发源地，我也姓陈啊。"

铁棍儿说："咱们是同姓，1000年前是一家。既然如此，你应该买20斤。"

我回："你这句拗得太硬！快说说铁棍儿山药的好处，我现在去拍。"

铁棍儿噼里啪啦一通回复：健脾、补肺、固肾、益脑、益精养颜、抗衰老、抗肿瘤、抗疲劳、调节代谢、增强免疫机能、促进生长、调节内分泌、调节心肺功能、调节神经系统。

鬼都能看出来，这是从度娘那儿copy的。

我还是毫不犹豫地买了20斤。

后来，从网友那儿得知，铁棍儿虽不再往坛子里发广告，但无时不刻不在推销她的山药。她建了30个QQ群，里面全是买过山药的网友。

半年之后，铁棍儿在群里披露了她的战绩，卖山药180天，帮乡亲卖出10万斤。成绩固然令人欣慰，但也不无遗憾：还有6万斤存货。网友们感动于她的热心，30个QQ群又消化掉1万斤。

后来，音乐论坛里再也不见铁棍儿的踪迹，好多网友发帖问，铁棍儿呢铁棍儿呢？

常去她店里的人也回复说，店铺也无人值守，旺旺的头像是灰色的。

论坛是个热闹的所在，时间一久，再也没有人提铁棍儿。

铁棍儿从人间蒸发了。

又几年过去，我在复兴门接待了一个音乐论坛里的网友。

他问："你记得铁棍儿吗？"

我点头。

她去世了！

我愕然到不知所以。不应该啊。她在北京读研啊。她活力四射啊。那阵儿还经常下半夜在群里聊天。

网友说，她太拼。白天要上课，晚上写论文，10点以后卖山药，到处找网友向人推销，一熬就是大半宿。过劳死。

我不知道说什么好。就瞎想，假如她能吃点山药补补，兴许会好。

想起有一次她跟我推销时说：爱惜生命，多吃山药。

有一种流行病，叫米其林三星餐厅

前段去侨福芳草地，赫然看到宣传，号召大家来这里的米其林餐厅吃饭。

店家果然爱欺客。其实，“米其林指南”的评价从未涉及大北京，北京的所谓米其林餐厅，或者是评过星级的餐厅分店，或者是起用了曾在米其林餐厅工作过的大厨，又或者与国外米其林餐厅合开的店……反正就是沾了点边，都不过是拿米其林来做卖点。

“米其林星级餐厅”是金字招牌，谁不想分一杯羹？

就连好莱坞拍美食电影，也都将“米其林三星”作为主人公的最高追求。现在的“米其林指南”早已渗入到大众潮流文化之中，人们提及米其林星级餐厅，差不多都会给自己这样的暗示：好棒噢，我想去吃！

本意是为多卖轮胎而制作的“米其林指南”，更像是旅游攻略，集合了餐饮、加油站、旅馆、汽修厂等资讯，它鼓励人们出行，多开汽车，唯有如此，米其林的轮胎生意才能够越做越火。但米其林兄弟哪会想到，正是这个歪打正着的招数，制造了一个风靡世界的餐厅评价标准。

1926年，“米其林指南”开始用星号来标记餐厅，“米其林星级餐厅”从此正式开始运作。

负责评定米其林星级的，是一群“监察员”，监察员大都是美食行家，他们的工作就是“吃”，为了保证评价的公正性，监察员的身份是被严格保密的。

在评判一家餐厅时，监察员要遵循四条原则：

> 隐瞒身份，亲临餐馆或者酒店用餐、住宿，品评打分；
> 保证出现在指南上的任何一家餐馆、酒店都经过精心挑选；
> 由己方支付账单；
> 每年更新指南，保证信息的准确性。

监察员评分项目包括餐厅的食物（60%）、用餐环境（20%）、服务（10%）和酒的搭配（10%）。

“米其林指南”制定了一套严格的标准，由此标准评选出的餐厅，刊登在《米其林指南》上，这本小红书迅速成为风靡世界的美食指向标，席卷全世界，凡上了小红书的餐厅，皆成为人们出游用餐的首选之地。

但仔细研究下米其林餐厅，会发现，这些餐厅中的大多数，是奢华的、昂贵的、精致过头的……代表着一定的身份和地位，但风格又单一到可怕：环境是美的，菜品是艺术的，人们是西装革履的……嗯，就是这样。

一个街头的苍蝇馆子，任你东西好吃到震撼的程度，也断难入了《米其林指南》的法眼。

另外，这些欧洲食探，接受的是关于法餐和西餐的培训，对西式料理更为熟悉，如果将米其林这套评价体系拿到中国这种南北差异巨大、菜系极具特色的市场里来，几乎有失效的可能——不只甜豆浆和咸豆浆他们理解不了，各种大肠、下水、糟味、卤味估计早让他们脸儿都绿了吧。

这大概也是“米其林指南”迟迟不能进来中国内地的原因。想要进来，就必须更改他们的标准，重新建立一套体系，但中餐胜就胜在丰富性和多样性，弄出一个所谓的标准也实在太难。果不其然，2016年米其林一来到上海，就选出一堆富有争议的餐厅。

我想表达的意思是，不管米其林多么深入人心，它也只是一种标准，在这个多元的时代里，别让自己活得太过拘谨，被某种流行的价值观绑架，想去哪吃饭便去哪吃，自己认为哪里好吃就去哪里吃。

不只菜品难以建立起一个彻底而客观的标准，世俗生活的诸多方面也是如此。

成功有举世公认的标准吗？你以为事业足够大挣了许多钱叫成功，他以为活出自己平安喜乐即为成功。

幸福有举世公认的标准吗？你以为美人在侧衣食无忧就叫幸福，他却以为精神富足岁月静好即为幸福。

所以，跟随自己的心好了。

米其林还是要吃的——只不过不用为米其林而米其林。

“不涮肉的人是可耻的”

小秋风就那么轻轻一吹，天立马高了，气即刻爽了，在这无比迷人的季节里，还有什么比涮羊肉更赞呢？

借用张楚一句歌词：“空气中都是锅子的味道，不涮肉的人是可耻的。”

纵然夏天也可以吃得欢快，但暑季的羊肉品质却非最佳，吃起来又容易汗流浃背，唯等到秋冬，膘肥体壮的羊，咩咩温驯的羊，肉质最是鲜嫩可口。

北京风味，最迷人莫过于涮羊肉，早先人们称之为涮锅子。本人喜欢涮肉，一则简单过瘾，水开即涮，蘸料即食，不需要任何繁杂的过程；二则吃之形式可以多样，两人可以对谈，三人可以铿锵，四人同吃热闹得就如同打麻将了，如果七八人一起涮，沸反盈天，喧闹热烈，那才真叫欢快而美好的市俗生活。

唐鲁孙先生说，民国时北平的涮肉馆子里有一种“共和锅”，比普通锅大三四倍，隔出若干个小格，不管生张熟魏，各据一格，自涮自吃互不侵犯，各得其乐。陌生人同食一锅，难免会打个招呼吧，难免会闲聊几句吧，说不定还成了朋友，或是制造出一段佳话，这共和锅也算是实打实的社交平台了。

老北平最有名的涮肉宝地叫“正阳楼”,是著名的八大楼之一。它这儿接待的顾客，不但有军政要人如袁世凯、段祺瑞等，更有一代文豪迅哥儿。迅哥儿是吃家，口味也杂，南北大菜，本地小吃，总喜欢试它一下，我不敢妄自揣测他到底是否喜欢涮羊肉，但他一定被这热烈的场面吸引过。

至于红遍一时的东来顺、西来顺，比之正阳楼，都算晚生后辈。

民国人吃涮羊肉，燃料也已经用了酒精或瓦斯，但讲究的食客，一定要用炭火，因为它有独特的“炭香”。那会儿也已有机器切的肉片，但不受欢迎，因为有“木渣渣”的感觉，知名大店都不用机器切，而专请切肉的师傅。

所以……各位食客记住了，这两点极为重要：一是用炭火，二是要吃手切的鲜肉！

咳咳咳，我要推荐心目中最佳五店。

聚宝源

聚宝源火到不成样子，都快成为传说了。

牛街是回民聚集地，本就以牛羊肉著称，尚记得多年前在报社上班，每日深夜打车回住处必经牛街，但见一车车的牛羊肉停于路边，车旁站着众多摊贩正在提货。

聚宝源名声日隆，几至成为喜涮羊肉者的朝拜圣地。每次去都要等位，等啊等啊，等到花儿也谢了，等到已经不饿了。最夸张的一次，等了整整三个小时，服务员叫到我号时早已没了涮肉的兴趣。

店分两层，每张桌子都坐满人，每个人的脸上都笑逐颜开，偌大的空间，没有一丝寂静的空气，喧哗吵闹，幸福热烈，这才是涮羊肉的最佳氛围啊。

铜锅子一上桌，全身的好吃细胞便调动起来了，点菜要快，一分钟内完成。

我是肉食动物，率先点的，必然是它家的手切羊肉，两个人至少六盘，三个人点他十盘，手切肉新鲜细嫩，肉片肥厚，吃起来最有口感，比机切羊肉片好吃至少十倍。

食肉易腻，要有蔬菜搭配，如想不起点哪种，何不来个蔬菜拼盘。再加几头糖蒜，几个麻酱饼子就万事大吉。

聚宝源的麻酱饼子一绝，咬一口，酥酥的皮儿，可着劲儿往下掉芝麻。一个只要一块钱。

这一顿吃完，就觉得世界美好，再无烦恼。

满福楼

有次坐出租，司机师傅是个吃货，可着劲儿跟我聊美食，从南城聊到北城，从东城聊到西城。

师傅一口地道的北京腔："爱涮肉？必须去满福楼啊。我每次到那儿，点四五盘肉，一瓶二锅头，肉真香，真肥，当天从内蒙运过来的，好吃好吃。"

当场就流口水，心里直骂司机不该讲得绘声绘色。

在书里看到美食家蔡澜去过，还带金庸先生去的。查老爷子一个劲地喊好。看来吃爽了。

我就想问查老，和黄蓉的叫花鸡比起来，哪个更优？

满福楼地理位置好，紧挨景山公园，爬完山正好累了，就去这儿涮起来。

它家比别的地儿更讲究一些，环境更豪华些，且人手一锅，自吃自涮，虽少了一起共涮的热闹，但避免了与别人交流口水的尴尬——我的意思是，和不熟的人或者客户去吃更佳。至于我个人，更喜与数人同涮一锅，筷子与筷子的碰撞，眼神和眼神的交流，都是涮羊肉不可或缺之要素。

有一点不足，它家用的是酒精而非炭火，前者似乎更为健康，但涮肉没有烟火气，怎么看起都像一场不完美的艳遇。

满福楼有两样必点，手切羊肉和毛肚，前者清香不膻，后者香脆可口。

老五四季涮肉

我住南城时，总爱往菜市口一带跑，这地儿很多吃的，物美价廉，好吃不贵。那阵儿几个兄弟当中，数李兄最土豪，我们动辄就怂恿他：“挣了这么多钱，好意思不请大家涮次老五？”李兄爽快，一般都会爽快地答应：“只涮肉怎么行，还要请你们吃法餐。”法餐到底也没吃上，但老五家去过很多次。

最喜欢老五家的氛围，特别是夏季，天气闷热无敌，弄得人汗流浃背，脱掉外衣，光个膀子，一路涮将下去，是不是特别爷们儿？

这家店属于平民消费，对环境务必不能太在意，桌子是有点破，地面是有点脏，只要肉好吃谁还管它。

什么手切羊肉、精选羊肉、肥牛、鸭血、冻豆腐、牛骨髓、黑百叶，通通来一份，有人请客务必不要客气，铜锅端上来，一股脑儿放进沸水里，百叶最易熟，赶紧捞起吃，其他的便可以从容不迫慢慢享受。

露天涮个肉，还有什么比这更美味的事！

满恒记

从百叶居往南走400米，就能看到满恒记，在平安大街和赵登禹路的交叉口。顺便提一句，赵登禹是抗日名将，俺们菏泽老乡，来这一带用餐，有说不出的亲切感。

原本是牛街老店，后来搬这边来了。带西安吃货旭旭吃过一回，这厮便记住了，每次都闹着来这满恒记，后来再到京出差，干脆就住在翠华路上的桔子酒店，公开说法是此处交通便利办事方便，私下里的理由是“出酒店十分钟就可以涮到肉”。

满恒记亦胜在性价比，坏处却是交通太过便利，致平时客流量大，需经常等位。如果实在等得不耐烦，可以先到它家的外卖窗口点小吃将就，样样都做得地道，也可以到附近的胡同转一圈，这一带非旅游区，游客少，胡同里异常安静，生活气息浓郁，乃是北京胡同的原汁原味。

满恒记的肉，不管是上脑、后腿，还是磨裆肉、黄瓜条，样样鲜嫩，更要推荐那鲜肥的牛百叶，又脆又爽口。

要隆重推荐的，是它家的一道神秘主食，名曰“麻酱糖饼”，模样儿很不起眼，黑乎乎的一张，但只要吃一口，就永远忘不掉，麻酱的味儿那叫香啊，糖汁那叫一个浓稠啊，要仰起头来吃，只是要当心，糖汁别顺着脖子流下来。

吃完一口，就觉得自己掉进蜜罐里。

羊坊涮肉

去年初冬，和一众朋友到凤凰岭，拜访徒步大神雷殿生老师，雷老师历时十年，徒步全中国，行程81000公里，端的是叫人佩服。他带我们参观了他的博物馆，又一起喝茶聊天。终究天太冷，又下着蒙蒙细雨，冻得全身哆嗦，雷老师提议：“中午吃个涮肉。”

车停在顺义一家巨大的店前，是个酒楼，上书隶书大字：羊坊涮肉，吾等一下子来了精神，遂被告知，这儿就是正宗的羊坊涮肉。

寻了一个包间，十人围坐，服务员端上来的不是传统铜锅，却是每人一只的小钢锅，精巧细腻，酒精块往里一放，蓝色小火苗便“嗖嗖”地起来了。雷老师点了好多肉，彼时正饿得如狼似虎，也不分辨到底是什么肉，一概涮将起来，人饿的时候，肉就特别好吃，一阵风卷残云，将桌面上扫荡得一点不剩。

雷老师又点了几盘肉，肚中已饱，便可以慢慢地喝酒聊天，酒是东北的高粱酒，度数高，喝几杯全身酥暖，大家的脸蛋儿个个红扑扑的，借着酒兴，又问及雷老师徒步路上的种种传奇，小酒配着肉和故事进到肚里，整个人舒坦幸福。

这次涮羊肉的经历告诉我，涮肉的关键是肉好，但和什么人一起涮，也极为重要。

后记

馋人的心是相通的

在遥远的纸媒时代，做过两年美食编辑。我算彻头彻尾的吃货，但并不喜欢这职业，虽省了不少饭钱，也落下后遗症：体重剧增，血压陡升，舌头变得麻木迟钝，对一切食物都提不起兴趣，典型工伤是也。

那两年，我得出的最沉痛的人生经验是，下馆子务必自费——不用考虑怎么写，不用等摄影师拍照，不用带着完成任务的心情去吃。所以坚决地离开了这一行。

——作为一名虔诚的吃货，绝不能让职业毁掉爱好。

吃贯穿我们人生的始终。纪伯伦曾借先知之口告诫世人：既然你们必须杀生为食，且从新生的动物口中，夺它的母乳来止渴，那就让这事成为一种敬拜。

——这本书便是我对食物的敬拜，对食物的感恩。

我们既从食物中获得温饱，又从食物里获得欢娱。食物安慰着我们的胃，也在安抚着我们的心。“疲惫不堪的人，失恋痛哭的人，意志消沉的人，满腹牢骚的人，欢欣雀跃的人”（《深夜食堂》语），都可以从食物中得到温暖和治愈。

——没有什么是一顿美食解决不了的。

我怀恋一切美好的食物，一切美好的饭局，一切美好的人和事。这本书不只是食物的体验笔记，它还讲人与食物的关系。

人与人的关系不断变化，人与食物的关系亦如此。我们曾经热爱的，如今可能鄙夷；我们曾经讨厌的，如今满心欢喜。比如，参加工作前，我基本回避一切苦味的食材；工作后却对苦情有独钟，喝苦茶，吃苦瓜，直至发自内心爱上它——苦是五味之一，是人生必备要素，又怎能回避得过去。比如，先前嗜辣，无辣不欢；现在却喜欢清淡。又比如，三十岁前喜欢下馆子，呼朋唤友，啸聚派对；三十岁以后，喜欢逛菜市场，钻研菜谱，在家做饭。

唯一没变的，仍然是个很馋的人——看见一切美味，仍然会口水欲滴。

鲁迅先生曾对曹聚仁说："我们都是马二先生，吴敬梓写马二先生那么馋，吴敬梓自己一定很馋的。"鲁迅眼尖，一眼看出吴敬梓是个吃货——他自己亦有过之而无不及。

——馋人的心是相通的。

在某种程度上言，"馋"是世界进步的动力，是文明的助推器，老子从食物中得到启示，得出"味无味，为无为"的哲语；苏东坡每每聚会吃酒，总有灵感喷涌，写下众多千古名篇；爱食日料的乔布斯从日本文化中获得灵感，将禅的理念引入产品当中，使简约极致成为苹果的设计语言……这般例子不胜枚举。

——禅是一枝花，馋亦是一枝花。

最后，要感恩父母和家人，和他们吃过的每一顿饭，丰盛的，平淡的，都好。

感谢曾经一起吃饭的朋友，感谢那个曾经异常迷人的组织"饭友团"。

感谢责编向平为这本书付出的所有努力，她提出了许多宝贵意见。

感谢我最爱的作家朱映晓和最喜欢的诗人流马为本书作序，映晓那句“人都会回到想吃的地方”令我心有戚戚；流马是济南青年东路16号时的同事，来北京后仍然常常一起吃饭。

感谢杜丽，她让我重新认识云南菜，认识我自己。

这本书是我对食物的敬拜，对食物的感恩。

没有什么是一顿美食解决不了的。

禅是一枝花，馋亦是一枝花。